Gesteinsaufbereitung im Labor

Paul Ney

Gesteinsaufbereitung im Labor

7 Abbildungen, 9 Tabellen

 Ferdinand Enke Verlag Stuttgart 1986

Prof. Dr. Paul Ney
Tanzebengasse 1, D-8240 Berchtesgaden

CIP-Kurztitelaufnahme der Deutschen Bibliothek

Ney, Paul:
Gesteinsaufbereitung im Labor / Paul Ney. -
Stuttgart : Enke, 1986.
    ISBN 3-432-95971-0

© 1986 Ferdinand Enke Verlag, P.O.Box 1304, D-7000 Stuttgart 1
Printed in Germany
Druck: Johannes Illig, Buch- und Offsetdruckerei, Göppingen

Inhaltsverzeichnis

Tabellen

Bilder

Motto: Wenn Du einen Tiger erlegen willst, so töte
ihn zuerst im Geiste; alles andere sind nur
noch Formalitäten (Indisches Sprichwort).

1 Allgemeines zur Aufbereitung und Vorbereitung

1.1 Ziele von Gesteinsaufbereitungen

Der Begriff "A u f b e r e i t u n g" ist der Technik entnommen: Alle zusammengesetzten Rohstoffe, die nicht unmittelbar als solche zu verwerten oder für eine nachfolgende Verarbeitung ,z.B. Metallgewinnung, geeignet sind, müssen aufbereitet werden. Das heißt: Unter Ausnützung der unterschiedlichen physikalischen und chemischen Eigenschaften der einzelnen Gemengteile werden jene Gemengteile, die unmittelbar verwertet oder weiterverarbeitet werden können oder die besonders wertvoll sind oder die den Wert stark heruntersetzen, möglichst vollständig o d e r rein von den anderen Gemengteilen durch spezielle Verfahren a b g e t r e n n t . Vollständig u n d rein ist praktisch nicht möglich; in dieser Hinsicht muß stets ein Kompromiß geschlossen werden.

Im geowissenschaftlichen Labor werden Gesteine, Erze und andere manchmal sehr komplexe Mineralvergesellschaftungen ("Paragenesen") vor allem aus den im folgenden genannten Gründen aufbereitet,wobei jeweils besondere Gesichtspunkte beachtet werden müssen:

a) Der M e n g e n a n t e i l eines bestimmten Minerales oder aller Minerale einer Paragenese soll q u a n t i t a t i v erfaßt werden. Dieses Ziel ist streng genommen unerreichbar, weil die Aufbereitung verlustlos erfolgen müßte und auch die bei jeder Zerkleinerung unvermeidlich anfallenden "Feinstanteile" (Körner <10 μm) trennbar sein müßten. Beides ist tatsächlich nicht möglich.

b) Von einzelnen (oder auch mehreren oder allen) Gemengteilen bzw. Mineralen sollen möglichst r e i n e F r a k t i o n e n gewonnen werden, die dann auf ihre Haupt- und Spurenelemente oder ihre morphologischen, physikalischen, chemischen, strukturellen, technologischen Eigenschaften untersucht werden sollen. Das Wort "Fraktion" = Bruchteil deutet bereits an, daß hier zugunsten der Reinheit auf die Vollständigkeit der Trennung verzichtet werden muß.

c) Ein für die Genese, die Herkunft, das geologische Alter der Paragenese besonders kennzeichnendes ("typomorphes") Mineral soll isoliert oder ein besonders wertvolles oder seltenes Mineral soll

gewonnen werden. In diesem Fall wird die Aufbereitung von den speziellen unterscheidenden Eigenschaften dieses Minerals diktiert.

d) Ein bei weiterer Verwendung der Paragenese oder eines ihrer
Gemengteile s t ö r e n d e s Mineral soll möglichst vollständig
entfernt werden. Hier wird meist eine möglichst einfache Aufbereitung angestrebt.

e) Die K o r n g r ö ß e n v e r t e i l u n g soll bestimmt
werden. Alle Maßnahmen, die sie verändern, z.B. mechanische Zerkleinerung, müssen dann bei der Aufbereitung streng vermieden werden.

f) Ein für die wirtschaftlich-technische Aufbereitung der Paragenese geeignetes V e r f a h r e n soll ausfindig gemacht, entwickelt und zunächst im Labor erprobt werden. In diesem und nur in
diesem Fall spielen die K o s t e n der Aufbereitung eine wesentliche Rolle.

Bei allen Aufbereitungen muß sich das Vorgehen nach dem angestrebten Ziel, der Beschaffenheit der Paragenesen und den Eigenschaften der Gemengteile richten und aus diesem Grund kann es für
sie k e i n a l l g e m e i n e s S c h e m a geben !

Gesteinsaufbereitung im Labor, wie sie hier besprochen wird, ist
eine wichtige, typische und anspruchsvolle m i n e r a l o g i -
s c h e Arbeitsmethode. Ihre Anwendung ist nicht beschränkt auf
natürliche irdische oder auch außerirdische Paragenesen. Sie kann
ebenso gut auf s y n t h e t i s c h e anorganische, feste oder
lockere Gemenge wie metallurgische Zwischenprodukte, Schlacken aller Art, Baustoffe, keramische und feuerfeste Werkstoffe oder auch
auf Proben aus Schadensfällen, an denen die genannten Materialien
beteiligt sind, angewandt werden. Allerdings müssen keineswegs alle vom Mineralogen zu untersuchenden Proben aufbereitet werden; in
sehr vielen Fällen genügt es, die Probe oder einen Teil von ihr zu
zerkleinern, zu vergleichmäßigen und dann zu analysieren.

1.2 Probenahme und Probenvorbereitung

In den weitaus meisten Fällen ist nicht die Gesamtheit einer
Paragenese, sondern nur ein kleiner, oft sogar nur außerordentlich
kleiner Teil von ihr (Größenordnung fast immer: $<10^{-3}$% !) aufzubereiten. Dieser Teil, die "P r o b e", m u ß r e p r ä s e n -
t a t i v für die Gesamtheit des betreffenden Materiales sein, damit die aus der Aufbereitung und der Untersuchung der aufbereite-
ten Gemengteile gezogenen Schlüsse hinreichend sicher bzw. über-

haupt sinnvoll oder aussagekräftig sind. Diese Forderung läßt sich nur durch eine s a c h g e r e c h t e   P r o b e n a h m e erfüllen.

Die Probenahme liegt   a u ß e r h a l b   unseres Themas, jedoch wird Literatur über sie angegeben. Die gewissenhafte Berücksichtigung der statistischen Grundlagen und zahlreichen Arbeitsregeln der Probenahme ist absolut unerläßlich bei all jenen Untersuchungen, bei denen Fragen der Wirtschaftlichkeit oder der Sicherheit für Menschen, Anlagen oder die Umwelt berührt werden, sollte aber auch bei rein wissenschaftlichen Arbeiten viel mehr praktiziert werden. Im folgenden wird stets vorausgesetzt, daß die aufzubereitende Probe repräsentativ für die Gesamtheit des Materiales ist, von dem sie entnommen wurde.

K e i n e   Probe, auch nicht bei Reihenuntersuchungen an sehr ähnlichen Paragenesen oder Materialarten kann bzw. darf   u n b e - s e h e n   u n d   o h n e   ein Mindestmaß an V o r b e r e i t u n - g e n   aufbereitet werden. Ein Teil dieser Vorbereitungen wie Wiegen, Messen, Teilen, Kennzeichnen ist bei allen Proben gleichartig, also R o u t i n e , ein anderer, nicht weniger wichtiger Teil muß nach reiflichem Nachdenken der jeweiligen Probe individuell   a n g e p a ß t   werden.

1.3 Protokollführung

Unterschiedliche Herkunft vorausgesetzt, ist keine aufzubereitende Probe einer anderen völlig gleich. Nicht nur die Eigenschaften sind unterschiedlich, auch die zu wählenden Arbeitsschritte. Im Laufe   j e d e r   Aufbereitung fallen somit sehr viele Daten und Beobachtungen und sehr viele Angaben über Geräte, Versuchsdurchführungen und Rezepturen an. Nicht nur, um die betreffende Aufbereitung in gleicher Weise wiederholen zu können, sondern auch um ihre Durchführung kontrollieren und begründen zu können, ist es u n e r l ä ß l i c h ,   a l l e   anfallenden Daten und experimentellen Einzelheiten und Zwischenergebnisse   s o f o r t ,   g e - n a u   und   v o l l s t ä n d i g   schriftlich festzuhalten; bloßes Merken ist nicht möglich. Dieses Festhalten erfolgt am besten mit Hilfe eines   P r o t o k o l l e s .

Oft und manchmal folgenschwer ist man auf Ergebnisse angewiesen, die von Mitarbeitern gewonnen worden sind und die gegebenenfalls an andere Personen weitergegeben werden müssen. Um sie zu beurteilen, zu würdigen, nachzuprüfen, nachzuvollziehen muß man

E r f a h r u n g e n im Protokollieren und Kontrollieren erwor-
ben haben. Das Protokollieren auf lose Zettel, die leicht verloren
gehen oder verschmutzt werden, ist immer die schlechteste Lösung;
die beste Lösung ist ein Protokollbuch mit fortlaufend nummerier-
ten, karierten Seiten.

Protokolliert wird konsequent in d e r R e i h e n f o l g e,
in der Vor- und Aufbereitungsschritte unternommen werden und Meßwerte oder Beobachtungen anfallen. Grundsätzlich sollte jedes Protokoll von Anfang an in R e i n s c h r i f t und so geschrieben
sein, daß ein mit der Sache Vertrauter es ohne nachzufragen (was
manchmal nicht möglich ist) lesen und verstehen kann. In einem
solchen Protokoll sollten auch notwendige Abweichungen von einer
vorher vereinbarten Arbeitsweise begründet werden und es sollten
aus ihm persönliche Überlegungen und Zwischen-Schlußfolgerungen
ersichtlich werden.

An den A n f a n g eines Aufbereitungsprotokolles kommt die
genaue B e z e i c h n u n g der Probe, ihre H e r k u n f t ,
alle erreichbaren Angaben über ihre V o r g e s c h i c h t e
und ihre -eventuell bereits von anderen bewirkte- mechanische,
thermische und chemische V o r b e h a n d l u n g. Selbstverständlich sollte jede Probe ihre e i g e n e Bearbeitungs-N u m-
m e r erhalten (siehe dazu auch Abschnitt 1.7 !),und es sollte das
Datum des Beginnes und Abschlusses der Bearbeitung angegeben werden. Ordentlich geführte Versuchsprotokolle können als Fotokopien
sehr oft an die Stelle langer mündlicher oder schriftlicher Be-
richte treten.

1.4 Wiegen, Messen und visuelles (mikroskopisches) Betrachten der
    Probe zu Beginn und während des gesamten Verlaufes der Vor-und
    Aufbereitung

Sowohl die Vorbereitung einer Probe als auch ihre eigentliche
Aufbereitung ist mit einer ständigen, diskontinuierlichen V e r -
ä n d e r u n g ihres Aussehens, ihrer Abmessungen, ihres Gewich-
tes und ihres Zusammenhaltes oder Gefüges verbunden. Alle diese
Veränderungen müssen registriert werden.
Besonders bei nicht selbst entnommenen und nur zur Aufbereitung
anvertrauten Proben, aber auch bei eigenen Proben ist es notwendig, den A u s g a n g s z u s t a n d zu beschreiben und zu
v e r m e r k e n . Dazu gehören: Stückzahl, Zustand (Konsistenz)
und empirisch beurteilte Kohäsion, Gesamtgewicht, Abmessungen

(Formen, Stückgrößen, Gesamtvolumen), Farbe(n), Gefüge und grobe
Inhomogenitäten, Porosität, erkennbare offensichtliche Verunreinigungen, Radioaktivität, eventuell Geruch, gegebenenfalls sogar Art
des Behälters und seines Verschlusses.

Aus Gründen, die noch erörtert werden, verlaufen T r e n n u n-
g e n von fest miteinander·verwachsenen Mineralen fast n i e -
m a l s auch nur annähernd q u a n t i t a t i v. Recht oft ist
die Ausbeute an interessierenden Mineralen geradezu erbärmlich gering und auch deren Reinheit läßt zu wünschen übrig. Unabhängig
davon, ob man über das Ergebnis der Aufbereitung Rechenschaft ab-
legen muß oder nur Erfahrungen auf diesem Gebiet sammeln will, ist
exaktes Wiegen und Notieren aller Ein-und Auswaagen unerläßlich,um
die Leistungsfähigkeit der verschiedenen Aufbereitungsmethoden zu
beurteilen, den Trennerfolg bei jedem Trennschritt abzuschätzen
und eine Gesamtbilanz der Aufbereitung aufzustellen. Selbstverständlich ist auch sorgfältiges Arbeiten erforderlich, um Gewichts-
verluste durch staubendes oder an Geräteteilen haftendes Material
so niedrig wie möglich zu halten.

Da Trennen stets gleichbedeutend ist mit Verkleinern, ändern
sich die Abmessungen der gesamten Probe und häufig auch der sie
zusammensetzenden Körner im Laufe der Vor-und Aufbereitung. Sowohl
bei bestimmten Verwendungszwecken der Gesamtprobe, z.B. bei der
Herstellung von Dünn- oder Anschliffen, als auch der Mineralfraktionen, z.B. zur Altersbestimmung, Messung optischer oder elektri-
scher Eigenschaften, dürfen optimale Abmessungen bzw. Korngrößen
nicht unterschritten werden. Vor allem muß auch jede unnötige Entstehung nicht aufbereitbarer "Feinstanteile" strikt vermieden werden. Ständige Kontrolle der Stück- und Korngröße sind daher ebenfalls notwendig.

Nur ein Teil der Veränderungen der Probe kann durch einfache Ge-
wichts- oder Längenänderungen festgestellt werden. Die für die Auf-
bereitung w i c h t i g s t e n Veränderungen wie
- F r e i l e g u n g (Aufhebung der Verwachsung)
- A n r e i c h e r u n g von Mineralen mit spezifischer Farbe,
    Fluoreszenz, Korn-oder Kristallform in bestimmten F r a k -
    t i o n e n
- Entstehung von Feinstanteilen und Zusammenballungen
- V e r u n r e i n i g u n g (nur teilweise !)
- B e s e i t i g u n g störender Überzüge, Bindemittel,Feinst-

anteile, Verunreinigungen

- Wirkung von Ätz- und Anfärbereaktionen
- Fluoreszenz
- Änderung der K o r n g r ö ß e und vor allem der Kornform bei Zerkleinerungsvorgängen

lassen sich mühelos durch m i k r o s k o p i s c h e Betrachtung erkennen und verfolgen und erforderlichenfalls durch Mikrofotos objektivieren. Daraus ergibt sich als wichtige Arbeitsregel für Aufbereitungsversuche: Betrachtung der Probe vor und nach jedem Aufbereitungsschritt unter einem Stereomikroskop !

Da zum Notieren von Beobachtungen beim Mikroskopieren ein recht störendes und ermüdendes Aufblicken vom Okular nicht zu vermeiden ist, empfiehlt es sich, die Beobachtungen zunächst o h n e aufzublicken auf Kassette oder Tonband zu sprechen und von diesen Hilfsmitteln möglichst bald anschließend in das Protokollbuch zu übertragen.

1.5 Vor-Informationen über die Probe und ihre Auswertung

Da bei j e d e r Art von Aufbereitung ganz s p e z i f i - s c h e Eigenschaften (Dichte, magnetische Suszeptibilität, Zeta-Potential, Reaktionsfähigkeit der Oberfläche, Löslichkeit, Lösungsgeschwindigkeit) der einzelnen Minerale eine entscheidende Rolle spielen und deshalb berücksichtigt werden müssen, können g r u n d - s ä t z l i c h nur solche Paragenesen aufbereitet werden, deren Mineralbestand und stoffliche Zusammensetzung zumindest qualitativ und grob quantitativ b e r e i t s   b e k a n n t ist ! Sofern bei einer Probe nicht schon aus Art, Herkunft, Vorkommen oder Analogieschlüssen mit ähnlichen Materialien eine hinreichend sichere Kenntnis über den Mineral- und Stoffbestand zu erhalten ist, muß dieser aus Dünn- und Anschliffen, Röntgenbeugungsanalysen, chemischen oder spektrochemischen Analysen z u v o r ermittelt werden. Zusätzlich sollten noch Art und Umfang der Verwachsungen und die Korngrößenverteilung, wenigstens in groben Zügen, bekannt sein. Auch über das Verhalten der Probe bei der Zerkleinerung, die Kohäsion, sollten realistische Vorstellungen vorliegen. Ohne die genannten Vor-Informationen wäre jede Aufbereitung ein Lotteriespiel und nicht eine mit technischen Hilfsmitteln auf wissenschaftliche Weise lösbare Aufgabe.

Aber selbst, wenn genügend viele und genaue Vor-Informationen vorhanden sind, bleibt noch die Aufgabe, diese richtig zu inter-

pretieren. Die Erfahrung zeigt, daß sich Paragenesen sehr unterschiedlich schwierig aufbereiten lassen. Allgemein wird eine Aufbereitung u m s o s c h w i e r i g e r ("schwierig" heißt: Der
Zeitaufwand wird größer, der Trenneffekt wird geringer),
- je zahlreicher und kleiner
- je ähnlicher sich strukturell und chemisch und in den eingangs
  genannten spezifischen Eigenschaften
- je fester aneinander haftend und an Berührungsflächen reicher
- je spröder und je besser spaltbar
- je weniger durch Farbe und Glanz unterscheidbar
- je stärker durch Adsorptionsschichten oder Überzüge verunreinigt
die zu trennenden Minerale sind. Ungünstig wirken sich auch krasse
Unterschiede in den Mengenanteilen und in der Härte, Imprägnatio-
nen mit organischen Substanzen oder mit Kohlenstoff, Gehalte an
löslichen und eventuell noch zerfließlichen Salzen, Oxydierbarkeit
aus. Proben, in denen mehrere derartiger negativer Faktoren kombiniert sind, können in der Tat n i c h t a u f b e r e i t b a r
sein !

1.6 Zusätzliche Methoden zum Erkennen der Art und Verteilung der interessierenden Minerale

Bei überdurchschnittlich heterogener Verteilung eines abzutrennenden Minerales und, wenn dieses zusätzlich makro- oder mikroskopisch schwer erkennbar ist, reicht die Fläche eines üblichen Dünn-
oder Anschliffes nicht aus, um sich bei größeren Proben ein rich-
tiges Bild von den zur Aufbereitung am besten geeigneten Stellen
oder Stücken zu machen. In solchen Fällen kann das betreffende Mineral m a n c h m a l durch eines der nachfolgend erläuterten
Verfahren s i c h t b a r gemacht werden, auch wenn die Zahl seiner Körner klein und die Korngröße gering ist (bis herab zu etwa
10 - 20 µm). Nur in Ausnahmefällen können durch das gleiche Verfahren gleichzeitig mehrere Mineralarten sichtbar gemacht werden, eher
ist dies durch geschickte Kombination mehrerer solcher Verfahren
möglich.

1.6.1 Ätzen

"Ä t z e n" bedeutet das Sichtbarmachen von Kornarten, örtlichen
Inhomogenitäten innerhalb von Körnern und Gefügen aufgrund der unterschiedlichen Löslichkeit o d e r Lösungsgeschwindigkeit bestimmter Gemengteile in einem speziellen Lösungsmittel. Die sicht-

bar gemachten Einzelheiten ragen dann entweder aus ihrer leichter
löslichen Umgebung heraus und sind stofflich noch erhalten, wenn
auch oft oberflächlich verändert,oder sie sind aus ihrer schwerer
löslichen Umgebung weggelöst, Vertiefungen hinterlassend oder De-
tails und Umgebung unterscheiden sich lediglich durch Aufrauhung
und Glättung.

Von einem gegebenen Ätzmittel werden nur bestimmte Mineralarten
angegriffen, weggelöst oder aufgerauht. Da es um zwei Größenordnun-
gen mehr Mineralarten als Ätzmittel gibt, ist das Ätzen nicht in
jedem Fall spezifisch; z.B. bleiben beim Ätzen mit Säuren sehr oft
einfach alle säureunlöslichen Minerale unangegriffen. In solchen
Fällen muß man kennzeichnende Umrisse bzw. Kristallformen zur Unterscheidung innerhalb dieser Minerale heranziehen. Auch das Ätzen
setzt somit auf jeden Fall die Kenntnis des qualitativen Mineralbe-
standes voraus! Die Reaktionen zwischen Mineral und Ätzmittel sind
manchmal stark unterschiedlich in Abhängigkeit von Zusammensetzung
und Realkristallbau. Die Eignung eines Ätzmittels für ein bestimmtes Mineral ergibt sich schon oft aus ganz einfachen chemischen
Überlegungen. In Tabelle 1 ist für einige Minerale das beste Ätzmittel angegeben, in Tabelle 2 die Löslichkeit in diesen.

Die zweckmäßigste Konzentration, Einwirkdauer und Anwendungstem-
peratur, die für das Ergebnis von entscheidender Bedeutung sind,
müssen manchmal empirisch erprobt werden; die Angaben der Tabelle 1
dienen lediglich als Anhalt. Die G r ö ß e der zu ätzenden Fläche, die von Anfang an möglichst e b e n sein soll (auch einigermaßen ebene Bruchflächen können geeignet sein), hängt davon ab,was
man sichtbar machen will. Bei manchen Gefügedetails, z.B. einer von
feinen Klüften ausgehenden Verkieselung, müssen Flächen bis über
100 cm^2 geätzt werden; zum Ätzen von Kornarten oder des Korninneren
(Sichtbarmachung von Zonarbau, Verzwillingung, Domänenstruktur, von
orientierten Einschlüssen) genügt oft bereits 1/2 cm^2, also nur etwa 1/8 der Fläche eines normalen Anschliffes.

Anleitung zum Ätzen:

Sägen Sie eine einige mm dicke Scheibe von der Probe ab. Gießen
oder tropfen Sie das Ätzmittel bei k u r z e r Einwirkdauer (s
bis min) entweder auf die Scheibe, die waagerecht und ohne zu wak-
keln in einem geeigneten Behälter liegt, oder t a u c h e n Sie
die Scheibe mittels einer großen Pinzette in das Ätzmittel, das
sich in einem der Form und Größe der Scheibe möglichst angepaßten

Tabelle 1 : Ätzmittel für Gesteinshauptgemengteile
Die optimale Einwirkdauer muß stets empirisch ermittelt werden, am besten mit Zeiten in geometrischer Reihe, z.B. 1/2, 1 , 2 , 4 Minuten oder 1 , 4 , 16 , 64 Minuten.

Mineral	Ätzmittel
Alkalifeldspäte	Konzentrierte Flußsäure + etwas Oxalsäure
Apatit	1-normale Salz- oder Salpetersäure
Biotit	Heiße konzentrierte Schwefelsäure
Calcit	4 %ige wässerige Monochloressigsäure
Chlorit	Wie Biotit !
Dolomit	1 Volumteil konzentrierte Salzsäure + 3 Volumteile Wasser
Fluorit	Warme gesättigte Borsäure-Lösung + wenig Salpetersäure
Gibbsit	Heiße 4-normale Natronlauge (160 g NaOH/l)
Gips	10 %ige Natriumchlorid-Lösung(mehrere Tage)
Goethit	Konzentrierte Salzsäure + Oxalsäure + Wasser im Gewichtsverhältnis 1 : 1 : 3
Hämatit	Heiße konzentrierte Salzsäure + einige Körnchen Kaliumjodid
Hornblende	Heiße konzentrierte Flußsäure ! Im Teflongefäß ! Größte Vorsicht !
Magnesit	Heiße konzentrierte Salzsäure
Magnetit	Heiße rauchende Salzsäure
Nephelin	Salpetersäure + 48 %ige Flußsäure + Wasser im Volumenverhältnis 1 : 1 : 2
Olivin	Wie Nephelin !
Plagioklas(Ca-reich)	Heiße konzentrierte Salzsäure oder wie Nephelin
Pyrit	1 Volumteil konzentrierte Schwefelsäure + 1 Volumteil frische gesättigte Lösung von Kaliumpermanganat in Wasser
Serpentin	Wie Nephelin !
Siderit	Heiße konzentrierte Salzsäure !

Tabelle 2 : Löslichkeit wichtiger Minerale in Ätzmitteln

In kalter konzentrierter Flußsäure sind n i c h t löslich:

Anatas	Chlorargyrit	Gold	Mullit	Spinelle
Arsenopyrit	Chrysoberyll	Granate	Muskovit	Staurolith
Axinit	Chromit	Graphit	Orthopyroxene	Stishovit
Baddeleyit	Coesit	Hämatit	Paragonit	Topas
Bertrandit	Columbit	Kohle	Perowskit	Turmalin
Beryll	Cordierit	Korund	Platin	Xanthophyllit
Bornit	Diaspor	Kyanit	Pyrit	Zirkon
Brookit	Dumortierit	Magnetit	Rutil	
Cassiterit	Euklas	Molybdänit	Sapphirin	
Chalkopyrit	Fluorit	Moissanit	Sphalerit	

In kalter konzentrierter Salzsäure sind n i c h t löslich:

Amblygonit	Coelestin	Lazulith	Petalit	Spodumen
Astrophyllit	Fassait	Marialith	Piemontit	Talk
Axinit	Hämatit	Muskovit	Prehnit	Titanit
Babingtonit	Ilmenit	Omphacit	Pseudobrookit	Vesuvian
Baryt	Karpholith	Orthit(frisch)	Pumpellyit	Xenotim
Boracit	Klinopyroxene	Pigeonit	Pyrit	Zirkon
Chloritoid	Lawsonit	Paragonit	Pyrochlor	Zoisit

In konzentrierter Salzsäure sind l ö s l i c h :

Analcim	Chlorite	Fluorit	Leucit	Olivin	Wagnerit
Anorthit	Chondrodit	Gadolinit	Ludwigit	Orthit	Wavellit
Apatit	Chrysotil	Gehlenit	Manganomelane	Periklas	Wöhlerit
Apophyllit	Cookeit	Glaukonit	Monticellit	Pektolith	
Augit	Datolith	Goethit	Mejonit	Rhodonit	
Brucit	Desmin	Hibschit	Melilith	Saponit	
Bustamit	Eudialyt	Ilvait	Nephelin	Sodalithe	

sowie alle Karbonate, alle Calcium-Silikate und -Silikathydrate
und die meisten Zeolithe

In heißer konzentrierter Schwefelsäure sind l ö s l i c h :

Alunit	Baddeleyit	Chlorite	Kryolith	Phlogopit	Topas
Anatas	Baryt	Chloritoid	Monazit	Pyrophyllit	Vermiculit
Anglesit	Biotit	Gibbsit	Orthit	Rutil	Zirkon
Anhydrit	Boehmit	Ilmenit	Perowskit	Titanit	

In heißer, 20 %iger Kalilauge sind l ö s l i c h :

Alunit	Antimonit	Chalcedon	Realgar	Tridymit
Anglesit	Auripigment	Opal	Schwefel	Wavellit

Gefäß befindet. Bei l a n g e r Einwirkdauer (h) s t e l l e n
Sie die Scheibe senkrecht in das Ätzmittel (am besten in einem kü-
vettenartigen Gefäß) oder Sie legen sie, wenn keine Gasentwicklung
zu erwarten ist, so, daß sich keine Luftblasen unter ihr befinden,
a u f das Ätzmittel, in das sie etwa 2 mm tief eintauchen sollte.
Waschen Sie das Ätzmittel mit einem nicht zu starken Wasserstrahl
gründlich ab,und spülen Sie zuletzt mit ionenfreiem Wasser. Vermeiden Sie dabei jede Berührung der geätzten Fläche mit den Fingern
oder ein Abwischen oder Abtupfen. Betrachten Sie nur ätzmittelfreie
und rundum t r o c k e n e Scheiben bei optimal eingestelltem
Lichteinfall unter dem Mikroskop. Besondere Vorsicht ist beim Ätzen
mit F l u ß s ä u r e geboten. Arbeiten Sie dabei nur mit z u -
v o r auf ihre Dichtigkeit geprüften G u m m i h a n d s c h u -
h e n !

1.6.2 Selektives Anfärben

Selektives Anfärben von Mineralen beruht darauf, daß einer ihrer
Bestandteile beim Zusammenbringen mit einem geeigneten Reagens ein
f a r b i g e s u n d s c h w e r l ö s l i c h e s , auf der
Probenoberfläche genügend f e s t h a f t e n d e s Reaktions-
produkt ergibt. Unter richtig gewählten Bedingungen ist die auftretende Färbung kennzeichnend für das betreffende Mineral. Zu diesen
Bedingungen gehören folgende:

a) Die anzufärbende Fläche des Gesteines sollte möglichst fein
   geschliffen, aber noch nicht poliert sein.
b) Löcher und Poren sollten vor dem letzten Schliff durch Paraffin oder Epoxyharz oder ein anderes Einbettungsmittel völlig
   geschlossen sein.
c) Die ganze Scheibe muß vor dem Anfärben, ohne daß sie ver-
   kratzt wird, sehr gründlich von Abrieb und Schleifmittelre-
   sten g e r e i n i g t werden, am besten im Ultraschallbad,
   andernfalls durch Abwaschen in fließendem Wasser und ohne
   jegliches Spülmittel.
d) Die Fläche muß an allen Stellen gleichmäßig vom Reagens bzw.
   von Wasser benetzbar sein.

Die T e c h n i k des Anfärbens ist weitgehend identisch mit
derjenigen des Ätzens. Die vorgeschriebenen Reagenskonzentrationen
sind genau einzuhalten; die Einwirkdauer muß erforderlichenfalls
geringfügig geändert werden. In einigen Fällen ist es notwendig,
die trockene Fläche der Einwirkung von Flußsäure - D ä m p f e n

auszusetzen. Dies kann am besten in Gefäßen aus Kunststoff erfolgen, jedoch auf jeden Fall unter einem g u t   z i e h e n d e n A b z u g . Immer sollte die Flußsäure möglichst hochprozentig sein (mindestens 52 %). Vergessen Sie beim Arbeiten mit Flußsäure nie, dichte Gummihandschuhe anzuziehen und eine Schutzbrille aufzusetzen ! Flußsäure kann außerordentlich schmerzhafte, sehr langsam heilende Verätzungen an den Fingern und unter den Fingernägeln verursachen und ist auch höchst nachteilig für die Augen und für Brillen. Stellen der Probe, die n i c h t mit Flußsäure in Berührung kommen sollen, müssen mit Paraffin abgedeckt werden.

Auch fertig präparierte, bereits einseitig auf dem Objektträger aufgeklebte D ü n n s c h l i f f e können angefärbt werden. Dabei ist vor allem darauf zu achten, daß die Färbungen n i c h t z u   k r ä f t i g ausfallen. Auch schwache Färbungen sind noch gut erkennbar und beeinträchtigen die üblichen mikroskopisch-kristalloptischen Untersuchungen in keiner Weise. Beim Anfärben von Dünnschliffen mit stark a l k a l i s c h e n Reagentien ist zu beachten, daß diese n u r   E p o x y h a r z e   n i c h t angreifen, jedoch alle anderen Einbettungsmittel weglösen.

Die Reagentien können meist n u r   e i n m a l gebraucht werden. Da einige von ihnen relativ t e u e r sind, ist es zweckmäßig, Anfärbungen nicht in großen Zeitabständen einzeln vorzunehmen, sondern unmittelbar nacheinander mehrere oder zahlreiche Proben anzufärben. Reagentien werden am besten von der Schlifffläche "abgeschleudert" (In den Ausguß !Achtgeben auf Kleider und Anwesende !) Manchmal beeinträchtigt die starke pH-Änderung beim Abwaschen die Qualität der Anfärbung.

In der Tabelle 3 sind Vorschläge für selektive Anfärbungen zusammengestellt. Die für das Gelingen entscheidend wichtigen D e - t a i l s sind bis auf die in den folgenden Anleitungen aufgeführten der am Ende dieses Kapitels aufgelisteten Literatur zu entnehmen.

Anleitung zur selektiven Anfärbung von Kalifeldspat und Plagioklas:

Gießen Sie unter einem gut ziehenden Abzug in eine niedrige Kunststoffschale, die etwas kleiner ist als die anzufärbende Scheibe bis etwa 6 mm unter den Rand 70 %ige Flußsäure. Legen Sie die Scheibe mit der angeschliffenen Seite nach unten auf den oberen Rand der Kunststoffschale, decken Sie eine größere Kunststoff-

Tabelle 3 : Anfärbe-Reaktionen

Mineral	Reagentien, Reihenfolge,Einwirkdauer, Konzentration	Färbung
Calcit	1. Salzsäure 1:10, 15 Sekunden 2. 0.2 % Alizarin S in 1 %iger Salzsäure,15 bis 60 Sekunden	Calcit: Rot - tiefrot Dolomit und Magnesit bleiben ungefärbt
Calcit	1. 1.5 %ige Salzsäure 10 bis 15 Sekunden 2. 0.1 g Alizarin S + 0.5 g Kaliumferricyanid, $K_3Fe(CN)_6$, in 50 ml Wasser lösen, 0.2 ml konz.Salzsäure zugeben, auf 100 ml mit Wasser auffüllen. Nicht lange haltbar !	Fe-freier Calcit:Rot Fe-armer Calcit:Lila Fe-reicher Calcit: Purpur Fe-freier Dolomit: Ungefärbt Fe-Dolomit:Hellblau Ankerit:Dunkelblau
Dolomit	0.2 g Trypanblau (= Diaminblau 3B) in 25 ml Methanol lösen, 15 ml 30 %ige NaOH-Lösung zugeben, Kochen !	Dolomit: Blau, Farbe bleicht aber aus ! Calcit: Ungefärbt
Dolomit	0.2 g Alizarin S in 25 ml Methanol verteilen,15 ml 30 %ige NaOH-Lösung zugeben 5 - 7 Minuten kochen	Dolomit: Purpurfarben Calcit: Ungefärbt !
Magnesit	1. Kalte Salzsäure 1:10, 3o - 60 Sekunden 2. 0.25 g Magneson in 50 ml 1 %iger Natronlauge lösen, mit 50 ml kalter 30 %iger Natronlauge mischen	Magnesit: Blau bis tiefblau Smithsonit: Ganz schwach blau Dolomit: Ungefärbt
Magnesium-Calcit	Verhält sich gegenüber Alizarin S in kalter salzsaurer Lösung wie Calcit, in heißer alkalischer Lösung wie Dolomit !	
Siderit	1. Salzsäure 1:10, 30 - 60 Sekunden 2. Heiße,gesättigte KOH-Lösung + ab und zu etwas Wasserstoffperoxid, 30 %ig	Siderit: Braun

14

Tabelle 3 (Fortsetzung) : Anfärbe-Reaktionen

Mineral	Reagentien,Reihenfolge, Einwirkdauer, Konzentration	Färbung
Ankerit	1. Salzsäure 1:10, 30 - 60 Sekunden 2. 1 Volumteil 2 %ige Salzsäure + 1 Volumteil frische 2 %ige Lösung von $K_3Fe(CN)_6$ (Giftig)	Ankerit: Tiefblau Fe-Dolomit: Tiefblau Dolomit: Ungefärbt Siderit: Ungefärbt
Rhodochrosit (Manganspat)	1. Salzsäure 1:10, 30 - 60 Sekunden 2. 2 %ige NaOH-Lösung: 90 Sekunden eintauchen, 90 Sekunden an Luft 3. 2 % Benzidin (cancerogen!) in 0.01-normaler Salzsäure	Rhodochrosit: Wird sofort blau Dolomit: Bleibt ungefärbt
Aragonit	1. Ätzen (kurz) in 1 %iger Salpetersäure 2. Lösung von 1 g Silbersulfat + 11.8 g $MnSO_4 \cdot 7\,H_2O$ in 100 ml Wasser (FEIGL's Reagens)	Aragonit: Färbt sich innerhalb 5 - 10 Min. schwarz Calcit: Färbt sich erst nach 1 Std.
Gips	0.4 g Alizarin S in 50 ml Methanol verteilen, mit 100 ml 5 %iger,kalter NaOH-Lösg. mischen, 2 bis 5 Minuten	Gips: Tief Purpur Dolomit: Sehr schwach purpur Calcit und Anhydrit: Nicht gefärbt !
Brucit	1. Salzsäure 1:20, 3 - 5 Sekunden 2. 0.2 % Alizarin S in 0.2 % Salzsäure	Brucit: Purpur Calcit: Rosa Dolomit: Ungefärbt
Smithsonit	1. Salzsäure 1:10, 30 - 60 Sekunden 2. 30 ml 0.01 %ige Lösung von Tropäolin 00 + 30 ml 1.5-normale Schwefelsäure + 120 ml frische 2 %ige Lösung von $K_3Fe(CN)_6$ in Wasser	Smithsonit: Gelb Magnesit: Ungefärbt

schale über das Ganze,und lassen Sie die Flußsäuredämpfe genau 3
Minuten lang einwirken. Nehmen Sie mit Gummihandschuhen die Scheibe heraus, tauchen Sie sie in ionenfreies Wasser und dann zweimal
rasch in eine 5 %ige Lösung von Bariumchlorid. Spülen Sie kurz mit
ionenfreiem Wasser,und legen Sie die Scheibe mit der geschliffenen
Seite nach unten genau 1 Minute lang auf eine dünne Schicht einer
gesättigten wässerigen Lösung von Natriumhexanitrocobaltat(III)
(6g pro 10 ml !). Achten Sie dabei darauf, daß sich unter der
Scheibe keine Luftblasen befinden. Spülen Sie unter einem ganz
sanften Strahl von Leitungswasser die Scheibe ab, bis das überschüssige Reagens verschwunden ist. Der Kalifeldspat ist nun leuch-
tend gelb gefärbt durch die oberflächliche Abscheidung von K_3Co
$(NO_2)_6$. Spülen Sie kurz mit ionenfreiem Wasser und bedecken Sie
die Oberfläche der Scheibe mittels einer kleinen Plastikspritzflasche mit einer f r i s c h angesetzten 0.2 %igen Lösung von Nat-
riumrhodizonat (etwa 20 ml). Dieses Reagens ist teuer und nicht
haltbar! Innerhalb weniger Sekunden färbt sich vorhandener Plagioklas z i e g e l r o t infolge der Bildung von sehr schwerlösli-
chem Bariumrhodizonat. Am besten machen Sie sogleich jetzt eine
fotografische Aufnahme, weil die rote Färbung allmählich aus-
bleicht. Spülen Sie die Scheibe in Leitungswasser, wenn die Färbung genügend intensiv ist. Reiner Albit wird nicht gefärbt; dies
ist erst von einem Anorthitgehalt von 3 % an der Fall.

Anleitung zur selektiven Anfärbung von Foiden in Dünnschliffen:
Verteilen Sie mittels eines Glasstabes einen dünnen Film von
sirupartiger (85 %iger) Phosphorsäure auf der nicht mit Einbettungsmittel abgedeckten Seite des Dünnschliffes. Tauchen Sie nach
3 Minuten den Dünnschliff in ionenfreies Wasser, um die Phosphorsäure zu entfernen. Tauchen Sie dann den Schliff mittels einer
Pinzette 1 Minute lang in eine 0.25 %ige wässerige Lösung von Me-
thylenblau und anschließend einige Male in Wasser, um diesen Farb-
stoff wieder zu entfernen. Decken Sie den Dünnschliff nach kurzem
Trocknen an der Luft möglichst rasch mit einem kalt härtenden Epoxyharz ab. Nephelin, Sodalith und Analcim werden t i e f b l a u
gefärbt, Melilith nur schwach blau und Leucit überhaupt nicht. Allerdings werden auch Zeolithe und kolloide Verwitterungsprodukte
blau gefärbt.

Anleitung zur selektiven Anfärbung von Calcit in Gesteinen:
Stellen Sie sich auf 1 : 10 verdünnte Salzsäure bereit. Verdünnen

Sie anschließend 2 ml konzentrierte Salzsäure mit ionenfreiem Wasser auf 1 Liter und lösen Sie darin 1 g Alizarinrot S . Tauchen
Sie die Gesteinsscheibe k u r z in die Salzsäure 1 : 10 und bedecken Sie sie dann mit der salzsauren Alizarinrot-Lösung. Lassen
Sie diese 5 Minuten einwirken. Gießen Sie die überschüssige Rea-
genslösung ab,und legen Sie die Scheibe in eine Schale mit ionenfreiem Wasser, das Sie mehrfach erneuern und abgießen, bis es farblos bleibt.

Calcit, Hochmagnesium-Calcit, Aragonit und Witherit werden tief-
r o t gefärbt; Ankerit, Eisendolomit, Strontianit und Cerussit
färben sich wesentlich weniger intensiv p u r p u r . Dolomit, Si-
derit, Magnesit, Rhodochrosit, Smithsonit, Gips und Anhydrit bleiben ungefärbt, ebenso alle Silikate.

Anleitung zur selektiven Anfärbung von Magnesit in Gesteinen:

Tauchen Sie die Gesteinsscheibe 1 Minute lang in Salzsäure 1:10.
Waschen Sie die geätzte Scheibe kurz unter fließendem Leitungswasser und bedecken Sie sie dann mit einer kurz zuvor hergestellten,
nicht haltbaren Mischung aus je 1 Volumenteil einer Lösung von 0.5
g p-Nitrobenzolazoresorzin ("Magneson") in 100 ml 1 %iger Natronlauge und 30 %iger Natronlauge (NaOH-Lösung). Vorsicht! Stark ät-
zend ! In spätestens 3 Minuten färbt sich Magnesit t i e f b l a u.

1.6.3 Folienabzüge

Färbungen auf ebenen Gesteinsflächen können auf organische Foli-
en übertragen werden. Als Folienmaterialien werden verwendet: Aze-
tylcellulose ("Azetat-Reyon"), "selbst-formbare" Äthylcellulose und
Plexiglas. Diese Folien müssen unmittelbar vor ihrem Auflegen auf
das angefärbte, t r o c k e n e Gestein mit einem geeigneten Lösungsmittel aufgeweicht werden. In der eben genannten Reihenfolge
der Materialien werden dazu benützt: Aceton, Äthylacetat und Di-
chloräthan.

Die Gesteinsscheibe wird entweder in das Lösungsmittel getaucht
oder sparsam mit ihm benetzt,und dann wird die Folie sofort gleichmäßig fest mit den Fingern,und möglichst ohne Luftblasen einzu-
schließen,auf sie gedrückt. Nach dem Trocknen, das je nach Lösungsmittel 3 bis 40 Minuten dauern kann, wird die Folie vorsichtig vom
Gestein gelöst. Flexible Abzüge werden wie Diapositive zwischen
Glasplatten montiert; Plexiglasabzüge können als solche auch bei
starken Vergrößerungen mikroskopisch betrachtet werden. Selbstverständlich sind solche Abzüge auch zur Projektion geeignet.

1.6.4 Fluoreszenz im Ultraviolett-Licht

Die benötigte ultraviolette Strahlung wird mit Hilfe käuflicher, tragbarer "UV-Lampen" erzeugt. "Kurzwelliges UV" besitzt Wellenlängen von 185 bis 300 nm, "langwelliges UV" solche von 300 bis 400 nm. Die meisten UV-Lampen liefern, mit entsprechenden Filtern, sowohl kurz- als auch langwelliges UV-Licht. Sie tun dies aber nicht allgemein, so daß es zweckmäßig ist, sich v o r dem Kauf oder Gebrauch einer UV-Lampe davon zu überzeugen, ob sie die diagnostisch weit wichtigere kurzwellige Strahlung auch tatsächlich liefert. Das übliche Glas läßt nur langwelliges UV-Licht durch, so daß z.B. Dünnschliffe nur im noch nicht abgedeckten Zustand untersucht werden können.

Die energiereichere, mit unseren Augen nicht sichtbare UV-Strahlung bewirkt beim Eindringen in bestimmte Stoffe, daß diese in einer wesentlich längerwelligen, energieärmeren, aber vom menschlichen Auge erkennbaren Farbe leuchten bzw. "f l u o r e s z i e - r e n" und, wenn die Bestrahlung in einem dunklen Raum erfolgt, gegebenenfalls auch noch mehr oder weniger lange nachleuchten ("phosphoreszieren"), nachdem die Strahlenquelle entfernt wurde. Die betreffenden Stoffe erhalten die Eigenschaft der Fluoreszenz oder Phosphoreszenz meist durch bestimmte Arten von Fremdatomen, wenn diese in optimaler Menge in ihr Gitter eingebaut werden. Dieser Einbau bzw. Fluoreszenz findet bei relativ wenigen Mineralen i m m e r (siehe Tabelle 4 !), bei sehr vielen anderen nur manchmal statt (siehe Tabelle 5 !). Vor allem im ersteren Fall ist die Fluoreszenz ein ausgezeichnetes Hilfsmittel zur Bestimmung, Lokalisierung und Abschätzung des Mengenanteiles für das betreffende Mineral. Noch sehr kleine und sehr wenige Körner lassen sich in Rohstoffen, Konzentraten und Abgängen von Aufbereitungsprozessen nachweisen. Bei nicht zu großer Menge und gröberen Körnern ist das Auslesen unter einer am Stativ der Stereolupe befestigten UV-Lampe ziemlich mühelos. Allerdings sind einige E i n s c h r ä n k u n - g e n zu berücksichtigen:

a) Die Fluoreszenzfarbe, ihre Intensität, ihr Wechsel (oder ihr Verschwinden) beim Übergang vom kurz- zum langwelligen UV-Licht, ihre Gleichartigkeit innerhalb eines Vorkommens können bei einunddemselben Mineral v e r s c h i e d e n a r t i g sein ! Diese Tatsache kann andererseits dazu benützt werden, Körner des betreffenden Minerales von unterschiedlicher Herkunft (zB. in Sanden und

Tabelle 4 : Minerale, die i m m e r kennzeichnende Fluoreszenz-
farben geben

Mineral	kurzwelliges UV	langwelliges UV
Autunit	intensiv gelb	
Cerussit	gelb	intensiv gelb
Greenockit		stark gelb - orange
Hauyn		orangerot
Hydrozinkit	intensiv blauweiß	
Kalomel	rötlich	intensive orange
Malayait	grünlich gelb	
Powellit	intensiv goldgelb	
Rubin (nicht Thailand)	intensiv rot	rot
Scheelit	hellblauweiß - gelb	
Schröckingerit	intensiv grün	
Skapolith		stark gelb - orange
Uranocircit	intensiv grüngelb	
Uranospinit	intensiv gelbgrün	
Willemit	intensiv grün	
Zirkon	gelb bis orange	gelb bis orange

Tabelle 5 : Minerale, die nur manchmal (fundortabhängig) fluoreszieren

Mineral	kurzwelliges UV	langwelliges UV
Anhydrit		blutrot
Aragonit	unterschiedlich	
Baryt		meergrün
Calcit	unterschiedlich	
Colemanit	weiß	
Fluorit	schwach blau	intensiv blau
Gips	unterschiedlich	
Halit	kräftig rot	
Hyalith	intensiv grün	
Smithsonit	unterschiedlich	
Sphalerit	intensiv orange	intensiv orange
Wollastonit	unterschiedlich	

Seifen), von verschiedener Zusammensetzung, von unterschiedlichen
Generationen einer Paragenese auseinander zu s o r t i e r e n .

b) Bereits ganz dünne Ü b e r z ü g e auf den Körnern, vor
allem von Eisen- oder Mangan- Hydroxiden oder -Oxiden können die
Fluoreszenz völlig v e r h i n d e r n . Eine Entfernung der stö-
renden Überzüge durch vorsichtiges Abschaben oder, bei säureunlöslichen Mineralen, nach einer der in Abschnitt 1.10.2 angegebenen
Methoden, kann eine erstaunliche Steigerung der Fluoreszenzinten-
sität bewirken.

c) Zahlreiche nichtmineralische Stoffe fluoreszieren ebenfalls
lebhaft: Gesunde Zähne, optisch aufgehellte Papiere und Textilien,
viele felsenbewohnende Flechten, Pilze auf faulendem Holz in Berg-
werken, Erdöl und Erdölprodukte.

M e t a l l i s c h glänzende (opake) Minerale zeigen übrigens
n i e m a l s Fluoreszenz !

B e a c h t e n Sie beim Arbeiten mit UV-Lampen folgendes unbedingt: Ultraviolette Strahlung kann nicht nur vorübergehende,
sondern auch bleibende B l i n d h e i t hervorrufen, wenn sie
direkt oder von einer Oberfläche reflektiert ins Auge fällt! Auch
Brillengläser schützen nicht ! Blicken Sie deshalb niemals direkt
in eine UV-Lampe! Setzen Sie auch Ihre Hände nicht zu lange und
ohne Schutz (Handschuhe) der UV-Strahlung aus!

Kontrollieren Sie Minerale, die Sie im UV-Licht ausgelesen haben, auf jeden Fall nachher mit dem Stereomikroskop ! Falls Sie
Farbaufnahmen von Proben machen wollen, die mit UV-Licht bestrahlt
werden: Benützen Sie ein UV - F i l t e r !

1.6.5 Autoradiographie

Im Jahre 1896 entdeckte H.BECQUEREL, daß die Silberhalogenid-
Schicht der fotografischen Platte durch Verbindungen des Urans und
Thoriums durch ein vor Belichtung schützendes schwarzes Papier hin-
durch belichtet wird. Diese Eigenschaft der beiden r a d i o a k -
t i v e n Elemente bzw. der Elemente ihrer Zerfallsreihen nützt
man bei der Autoradiographie aus. Die Schwärzung bzw. Belichtung
wird bei den üblichen fotografischen Filmen oder Platten praktisch
ausschließlich durch die a l p h a - Strahlung bewirkt. Die Reichweite der α-Strahlung in einem Feststoff läßt sich mit einer für
das betreffende strahlende Element gültigen Konstanten, dem Mengenanteil und Atomgewicht der enthaltenen Elemente und der Dichte des
Feststoffes errechnen. Für die α-Strahlung der Uran-Zerfallsreihe

beträgt die Reichweite in Silikaten ca. 30 µm, in speziellen
"Kernemulsionen" 20 bis 25 µm. Damit einzelne radioaktive Mineralkörner noch voneinander unterschieden werden können, müssen sie
also mindestens 30 µm voneinander entfernt sein. Infolge der sehr
geringen Reichweite der α-Strahlung müssen die zu prüfenden Mineralkörner die strahlenempfindliche Silberhalogenid- oder Kernemul-
sionsschicht m ö g l i c h s t e n g b e r ü h r e n. In einer
einlagigen, ebenen Schicht aufgeklebte Sandkörner können noch untersucht werden.

Anleitung für die Anfertigung von Autoradiographien:

Schneiden Sie von dem zu prüfenden Material eine Scheibe ab und
schleifen Sie diese so fein, daß die Oberfläche völlig glatt und
eben ist. Schließen Sie vorher oder während des Schleifens größere
Hohlräume mit Epoxyharz. Legen Sie auf die n i c h t angeschlif-
fene, aber zweckmäßigerweise auch e b e n e Oberfläche der ge-
säuberten, t r o c k e n e n Scheibe zunächst kreuzweise ein
festhaftendes Klebeband ("tape") mit genügend langen Enden. Dann
legen Sie die Scheibe in einem völlig abgedunkelten Raum mit der
angeschliffenen Seite fest auf eine Platte oder ein Stück Film mit
einer üblichen fotografischen oder einer speziellen Kernemulsion
und kleben Sie die Enden des Klebebandes auf der Unterseite dieser
Platte bzw. dieses Filmstückes fest. Markieren Sie die Umrisse der
Scheibe mit Hilfe einer feinen Nadel oder eines harten Bleistiftes
auf der Fotoplatte bzw. dem Filmstück. Das ganze Paket wickeln Sie
nun in ein schwarzes, lichtundurchlässiges Papier oder in eine
Aluminiumfolie und legen es in einen mit Trockenmittel beschickten
Exsikkator. Die E x p o s i t i o n s d a u e r richtet sich bei
Kernemulsionen nach den von der Lieferfirma genannten Daten (zwi-
schen 2 Minuten und 100 Stunden!); übliches Fotomaterial erfordert
eine Einwirkdauer der α-Strahlung von 12 bis 48 Stunden.

Lösen Sie nach der erforderlichen, eventuell zunächst empirisch
ermittelten Einwirkdauer in einer D u n k e l k a m m e r die
Klebebänder ab, legen Sie die Scheibe in eine Blechschachtel, und
entwickeln Sie die Platte oder den Film im v o r g e s c h r i e-
b e n e n Entwickler bei der vorgeschriebenen Temperatur. Trocknen Sie die Aufnahme nach ausreichendem Fixieren und Wässern.

Die Intensität der Schwärzung bzw. die Einwirkdauer hängt von
den Gehalten an Uran u n d Thorium in der Scheibe ab. Die Zahl
der pro Sekunde durch 1 cm^2 der Mineraloberfläche hindurchtreten-

den α-Teilchen ist proportional ($30.1\ g_U + 13.7\ g_{Th}$), wobei g_U
bzw. g_{Th} die Gewichtsmengen von Uran bzw. Thorium in 1 g des Minerales sind.

Wichtiger Hinweis: Alle Uranminerale sind g i f t i g. Waschen
Sie sich nach dem Arbeiten mit uranhaltigen Proben sofort sehr
gründlich die Hände ! Lassen Sie niemals radioaktive Proben oder
deren Splitter in einer Dunkelkammer oder in der Nähe von fotogra-
fischem Material liegen !

Durch die Möglichkeit der Neutronenaktivierung zahlreicher Elemente und die Bereitstellung B e t a - Strahlen-empfindlicher
Emulsionen konnte der Anwendungsbereich der Autoradiographie wesentlich erweitert werden, so daß Minerale des Mangans, Bariums,
Kupfers, Goldes, Scandiums und Wolframs lokalisiert werden können.

1.7 Teilen und Kennzeichnen der Probe

1.7.1 Probenmenge, Probenteilung, Kennzeichnung

Wir setzen voraus, daß die vorliegende Probe repräsentativ für
die Gesamtheit des Materiales ist, von dem sie entnommen wurde.
Eine schlechte oder falsche Probenahme könnte auch durch die besten Analysenmethoden nicht mehr berichtigt oder verbessert werden.

W e l c h e   P r o b e n m e n g e jeweils vor-und aufzubereiten ist, hängt vor allem vom Ziel der Aufbereitung bzw. der Weiter-
verwendung der gewonnenen Mineralfraktionen und von den Gehalten
an den interessierenden Mineralen in der Paragenese ab und(im Ide-
alfall) nur untergeordnet vom Aufbereitungsverfahren. Dazu ein Beispiel: Zu Altersbestimmungen nach der Uran-Blei-Methode benötigt
man 3 g reinen Zirkon. Da die meisten Gesteine im Mittel nur etwa
0.02 % Zirkon enthalten, müssen also mindestens 15 kg Gestein aufbereitet werden, um 3 g Zirkon zu gewinnen. Da aber die Abtrennung
niemals vollständig sein kann, weil nicht gewinnbare Feinstanteile
entstehen, ist es vorteilhaft, mit einem Drittel Verlust zu rechnen, so daß tatsächlich etwa 25 kg Gestein aufzubereiten sind,wenn
man sich Ärger und unnötige Arbeit ersparen will.

Dieses Beispiel zeigt sogleich 3 wesentliche Sachverhalte,die
zu berücksichtigen sind:

1. Der Aufwand an Arbeitszeit, Energie, Geräten und Hilfsstof-
fen bei der Gesteinsaufbereitung kann ganz erheblich sein
und übertrifft recht oft bei weitem den entsprechenden Aufwand bei der eigentlichen Untersuchung oder Analyse der Mineralfraktionen.

2. Bereits bei der Planung von Untersuchungen, in deren Verlauf eine große Zahl reiner Mineralfraktionen benötigt wird, sollten, wenn es das Versuchsziel und die apparativen Möglichkeiten erlauben, solche Analysenverfahren bevorzugt werden, die mit möglichst geringen Mengen durchzuführen sind.

3. Ist die Aufbereitung großer Gewichtsmengen unvermeidlich, so müssen l a n g e v o r Inangriffnahme der Versuche auf die folgenden Fragen befriedigende Antworten gefunden werden:

   a) Wie werden die benötigten Mengen vom Entnahmeort bis zum Aufbereitungslabor transportiert ? Wo und worin werden sie aufbewahrt ?

   b) Reichen die vorhandenen Geräte und Hilfsstoffe (z.B.Brecher bzw. Schwereflüssigkeiten) zur Aufbereitung aus ? Wo können Ausfälle eintreten (z.B. bei den Sieben?)? Was muß ergänzt bzw. überhaupt erst beschafft werden ?

   c) Wieviel Zeit wird die Aufbereitung in Anspruch nehmen ? Wann kann oder muß sie durchgeführt werden ? Mit wem muß dieser Termin abgesprochen werden ? Wer wird durch die Aufbereitungsversuche (z.B. durch Lärm oder Kontamination mit bestimmten Spurenelementen) in Mitleidenschaft gezogen ?

Wenn von einem Material eine wesentlich größere als zur Aufbereitung notwendige Menge vorhanden ist, muß eine Probenteilung durchgeführt werden. B e v o r die Probe jedoch zerteilt, also letzten Endes zerkleinert wird, sollte überlegt werden, was mit dem nicht zur Aufbereitung benötigten R e s t geschehen soll. Sollen noch Handstücke, größere polierte Anschnitte, Dünn-und Anschliffe, Prüfkörper für Porositäts-,Permeabilitäts- oder Festigkeits-Bestimmungen hergestellt werden ?

Eine entscheidende Rolle spielt bei solchen Überlegungen die H o m o g e n i t ä t des Materiales. Je inhomogener es ist, umso größere Mengen müssen durch Zerkleinern vergleichmäßigt werden, um eine repräsentative T e i l p r o b e zu gewinnen. Da es bei Studienarbeiten und auch in Explorationsteams häufig ein und dieselbe Person ist, welche die Probe im Gelände nimmt und sie dann im Labor aufbereitet und untersucht, ist es zweckmäßig, schon bei der Probenahme an die Aufbereitung und Probenteilung zu denken.

Auch scheinbar völlig homogene, weil feinkörnige Proben, können

tatsächlich sehr inhomogen sein bzw. w e r d e n und zwar dann,
wenn sie r i e s e l f ä h i g sind und Minerale mit h o h e r
D i c h t e enthalten (vor allem Seifen, alle trockenen Sande,
Konzentrate, Siebfraktionen vom Gesteinen und Erzen). Beim Transport, Umfüllen und Bewegen werden schwerere und größere Körner allmählich im unteren Teil des Behälters angereichert, so daß eine
aus dem oberen Teil des Behälters entnommene Teilprobe nicht mehr
repräsentativ ist. Ähnliche Verfälschungen können bei allen im
Laufe der Aufbereitung anfallenden Mineralfraktionen auftreten,die
aus vergleichbaren Mengen spezifisch leichter und schwerer Minerale bestehen. Beachten Sie deshalb folgende A r b e i t s r e -
g e l : Verwenden Sie eine relativ k l e i n e Probe aus leichten u n d schweren Mineralen entweder g a n z oder mischen und
teilen Sie sie unter strenger Kontrolle, z.B. mit dem Stereomikroskop, durch Dichtebestimmung, Farbvergleich, Fluoreszenz, Messung
der Radioaktivität.

Probemengen (Gesamtproben), wie sie ein Geowissenschaftler mit
den hier beschriebenen Methoden und Zielsetzungen aufbereitet,sind
von ihm meist bereits nach den im 2.Kapitel aufgeführten Verfahren
zerkleinert worden und liegen in Mengen von 50 bis etwa 5000 g vor
in Form von Körnungen. Für sie gelten die folgenden beiden Anleitungen.

Anleitung zur Probenteilung durch "Vierteln":

Schütten Sie auf einer trockenen, sauberen, glatten und ebenen
Unterlage die Gesamtprobe zu einem möglichst gleichmäßigen Kegel
auf und verformen Sie diesen durch waagerechten Druck auf seine
Spitze zu einem Kegelstumpf. Teilen Sie diesen mit Hilfe eines
Blattes festen Kartonpapiers oder einer Glas- oder Kunststoffschei-
be in zwei H ä l f t e n und dann q u e r zur vorherigen Richtung noch einmal g e m e i n s a m so, daß v i e r S e k t o -
r e n entstehen. Vereinigen Sie zwei diagonal gegenüberliegende
Sektoren, schütten Sie diese schon kleinere Probe erneut zu einem
Kegel bzw. Kegelstumpf auf und verfahren Sie wie vorher. Wiederholen Sie die Halbierung der jeweiligen Probemengen solange, bis die
benötigte Teilprobenmenge vorliegt. Vermeiden Sie alles, was zu
einer Entmischung schwererer oder größerer Körner führen könnte.
Verwahren Sie den n i c h t benötigten Teil der Gesamtprobe in
einem dicht schließenden Behälter mindestens solange, bis die Untersuchung der gezogenen Teilprobe völlig abgeschlossen ist.

Anleitung zur Teilung von Probemengen bis etwa 2000 g mit dem RETSCH-Probenteiler:

Überzeugen Sie sich davon, daß alle Teile des Gerätes staub-und fettfrei sind und daß die Probengläser fest sitzen. Schalten Sie das Gerät ein. Lassen Sie aus dem Vorratsbehälter oder einem schräg angehobenen Papierbogen die Gesamtprobe gleichmäßig und langsam in den Einfülltrichter laufen. Brechen Sie das Einfüllen bereits ab, wenn die Probegläser noch nicht ganz gefüllt sind und schalten Sie das Gerät aus. Vereinigen Sie den Inhalt von zwei gegenüber stehenden Probegläsern und teilen Sie ihn durch "Vierteln" weiter. Blasen Sie nach dem Entleeren den Einfülltrichter und auch die Probengläser mit Druckluft aus bzw. wischen Sie mit einem Tuch aus.

Für die K e n n z e i c h n u n g von Proben gibt es eine verblüffend simple, aber sehr wichtige und unbedingt zu beachtende Regel: Es ist nicht nur unzweckmäßig, sondern geradezu verboten, Proben lediglich mit fortlaufenden Ziffern oder Buchstaben zu bezeichnen.

Wenn in einem Labor mit 10 Mitarbeitern die Proben nur mit den Ziffern 1 bis 100 oder den Buchstaben a bis z nummeriert bzw. gekennzeichnet sind, kann es vorkommen, daß 10 verschiedene Proben mit der gemeinsamen Bezeichnung "13" oder "C" herumstehen; Verwechselungen und Fehlbestimmungen mit entsprechender Doppelarbeit und Verärgerung sind dann unausbleiblich. Aus diesem Grund werden in o r d e n t l i c h e n Laboratorien die Proben durchwegs m e h r s t e l l i g nummeriert und stets vollständig entweder mit der Jahreszahl oder der Nummer des Forschungsvorhabens versehen, z.B. 85/23 oder 189-12, oder mit den Initialen des betreffenden Mitarbeiters, z.B. JK-34. Allerdings muß eine derartige Beschriftung absolut k o n s e q u e n t erfolgen und sich auch auf alle zeitweiligen Behälter von Fraktionen, Lösungen erstrecken.

1.7.2 Schneiden (Sägen), Einbetten und Schleifen von Proben

Wie immer, wenn aus der Analyse einer vergleichsweise sehr kleinen Probe Schlüsse auf die Beschaffenheit eines sehr großen Objektes, z.B. einer Erzlagerstätte oder die Tagesproduktion eines Drehrohrofens, gezogen werden sollen, so hängt auch bei mikroskopischen Untersuchungen, bei Anfärbereaktionen oder Autoradiographien das Ergebnis entscheidend von der r i c h t i g e n Probenahme ab. "Probenahme" bedeutet hier das Abschneiden (Absägen) und nach-

folgende Schleifen und Polieren des Abschnittes im rohen oder ein-
gebetteten Zustand. Gewöhnen Sie sich an, bei Proben, die n o c h
n i c h t als Körnung vorliegen, folgendermaßen zu verfahren:

Betrachten Sie v o r jeder derartigen Probenahme und Zertei-
lung einen möglichst großen Teil der Gesamtprobe mit einer Lupe
oder mit dem Stereomikroskop. Überlegen Sie dabei, an welchen
Stellen es notwendig, zweckmäßig oder überhaupt möglich sein wird,
eine S c h e i b e abzuschneiden. Wählen Sie grundsätzlich den
Durchmesser bzw. die Fläche des Abschnittes s o   k l e i n ,wie
es die Aufgabenstellung und die Beschaffenheit der Probe gerade
noch zuläßt, weil der Zeitaufwand für das Schneiden, Schleifen und
Polieren mit dem Q u a d r a t des Probendurchmessers z u -
n i m m t . Bei makroskopisch homogenen Proben kann der Abschnitt
meist kleiner sein als bei makroskopisch heterogenen. Schneiden
Sie jedoch, falls es die verfügbare Materialmenge zuläßt und wenn
Schwierigkeiten bei der Untersuchung zu befürchten sind, stets
s o f o r t   m e h r e r e Scheiben ab.

Achten sie streng darauf, daß die Scheibe beim Abtrennen u n d
bei der weiteren Verarbeitung k e i n e Eigenschaften oder Bestandteile verliert und auch keine mitbekommt, die sie nicht
schon immer besessen hat. Korngefüge können mechanisch (durch
Schlag mit dem Geologenhammer), durch Druck (bei Sprengungen),
durch Biege- und Scherbeanspruchungen, chemisch durch Wasser, Lösungsmittel oder Luftsauerstoff, thermisch durch Reibungswärme
beim Bohren, Sägen, Schleifen und erst recht beim Erhitzen (unbe-
dachtes Trocknen im Trockenschrank, heißes Einbetten) v ö l l i g
v e r ä n d e r t werden. Veränderungen ergeben A r t e f a k -
t e , die zu groben Fehlschlüssen führen.

Oft wird auch beim Anschneiden eine Schutzschicht entfernt, die
vor weiterer Veränderung bewahrte. Deshalb und ganz allgemein
sollten Sie Stücke von einer Gesamtprobe erst dann abtrennen,wenn
Sie auch in der Lage sind, alle weiteren Schritte der Präparation
o h n e   V e r z u g auszuführen. Der beim Abschneiden zurück-
bleibende größere Teil der Probe wird ebenso wie die Scheiben sofort gereinigt und a n   d e r   L u f t   g e t r o c k n e t ;
kein Teil der Probe sollte tagelang naß oder feucht herumliegen
oder gedankenlos im Trockenschrank getrocknet werden.

Das Abschneiden einer Scheibe sollte möglichst mit einer dia-
mantbesetzten dünnen Säge erfolgen und nur in Ausnahmefällen durch

Herausbohren. Da beim Sägen eine unvermeidliche, aber unerwünschte und fast schon immer unzulässige Erwärmung der Probe stattfindet, muß eine Kühlflüssigkeit, meist Wasser, bei Evaporiten Petroleum, verwendet werden.

Da bei a n i s o t r o p e n Materialien das Untersuchungsergebnis ganz von der Lage des Schnittes in Bezug auf Vorzugsrichtungen abhängt, darf man die Schnittrichtung nicht dem Zufall oder dem Präparator überlassen, sondern muß diese vorher, wie im nächsten Abschnitt ausgeführt wird, genau festlegen. Außerdem ist zu beachten, daß manche Materialien z o n a r aufgebaut sind, auch wenn dies äußerlich nicht sofort erkennbar ist. Sie bestehen aus Lagen, in denen die Zusammensetzung oder das Gefüge andersartig ist. Beispiele sind Konkretionen, angewitterte Rollstücke von Erzen, Pellets, Zementklinker. Bei solchen Proben muß angegeben werden, aus welcher Tiefe sie zu nehmen sind oder herstammen.

Bei manchen Proben wird das Gefüge während des Sägens so gelokkert, daß einzelne Körner herausgerissen werden. Wenn dies Körner einer bestimmten Mineralart sind, die dann im Anschliff fehlen, kann das Untersuchungsergebnis grob verfälscht werden. Häufig sind dies Körner von porösen oder sehr spröden bzw. weichen oder sehr gut spaltbaren Mineralen. Derartige mürbe oder bröckelige Proben bedürfen einer Einbettung.

Auch Materialien, deren Körner kleiner als 10 mm oder sehr sperrig oder porös sind und alle Körnungen müssen durch eine vorhergehende Einbettung in eine feste, handhabbare, schleif-,schneid-und anfärbbare Masse verwandelt werden. Am besten ist eine Einbettung in eine Halterung bestimmter Form aus Kunststoff. Die zu schleifende Fläche darf keine nach innen gehenden Vertiefungen oder Hohlräume und Risse aufweisen, weil sich in diesen Schleifmittelkörner anreichern, die dann verschleppt werden und ständig stören, vor allem beim Polieren.

Von einem E i n b e t t u n g s m i t t e l wird folgendes gefordert:

a) Es darf sich weder in Methanol, Äthanol oder Xylol lösen,die zur Entfernung von Immersionsöl benötigt werden, noch in Amylacetat, das zur Herstellung von Plastikabdrücken für TEM-Untersuchungen dient.

b) Es muß so hart sein, daß beim Polieren kein "Relief" auftritt, darf aber auch nicht spröde sein, weil sonst immer wieder Splitter ausbrechen, die die Politur zerstören.

c) Es muß an allen anorganischen Feststoffen und auch an der Kunststoffhalterung sehr g u t h a f t e n und darf bei der Erhärtung nicht merklich schrumpfen.

d) Zu seiner Härtung sollen weder Erwärmung noch Druckeinwirkung notwendig sein (wegen der möglichen Veränderung empfindlicher Proben) noch darf bei ihr eine merkliche Erwärmung auftreten. Schließlich muß es auch hinreichend rasch erhärten.

e) Es soll physiologisch unbedenklich sein. Diese Forderung wird tatsächlich n i c h t erfüllt; die heute üblichen Einbettungsmittel rufen bei vielen Menschen Allergien bzw. Ekzeme hervor.

Bewährt hat sich ein kalt aushärtendes Zweikomponenten-Einbettungsmittel aus 10 Gewichtsteilen Araldit D und 1 Gewichtsteil des Härters HY 951 der CIBA AG. Dieses ist bei Raumtemperatur, also 298 K, frühestens nach 48 Stunden voll ausgehärtet bzw. belastbar. Nach dem Erwärmen auf 373 K wäre es bereits nach 10 Minuten völlig ausgehärtet. Die einzubettende Probe wird auf Tesafilm oder ein Klebeetikett gelegt.

Poröse oder bröckelige Objekte wie Kohlen, Oxidationserze, keramische Erzeugnisse werden bereits vor dem Schneiden mit dem frisch angerührten und dann noch dünnflüssigen Epoxyharz imprägniert. Wenn es sich um dickere Proben handelt, wird das Harz nicht weit und vollkommen genug in sie eindringen können. Aus diesem Grund wird die völlig trockene, möglichst dünne Scheibe noch einmal imprägniert. Die Beschriftung der Scheibe wird einsehbar innerhalb der Einbettung angebracht.

Das F e i n s c h l e i f e n dient dem Abtragen der während des Schneidens entstandenen groben Schäden an der Oberfläche der Scheibe. Die Schleifmittel werden in einer gewissen Abstufung der Korngrößen angewandt und zwar derart, daß die feineren Schleifmittel nicht mehr zur groben Abtragung, sondern nur noch zur Glättung der Oberfläche dienen. Die Schleifmittel werden angewandt entweder als fester Schleifkörper, z.B. als Schmirgelscheibe oder als lose Körnung, die auf einer geeigneten Unterlage als Paste ausgebreitet ist. Verwendet werden: "Carborundum" (Siliciumcarbid), synthetischer Korund (Aluminiumoxid), Chrom(III)oxid, Eisen(III)oxid, Magnesiumoxid und Diamant, eventuell auch Borazan. Als Unterlagen die-

nen: Glasscheiben (nützen sich rasch ab), Eisen-oder Stahlscheiben
und Scheiben aus Schmelzbasalt, die besonders haltbar sind. Sofern
keine entsprechenden Maschinen zur Verfügung stehen, muß recht
arbeitsintensiv und zeitaufwendig von Hand geschliffen werden. Ein
Geowissenschaftler muß sich im Notfall seine Anschliffe selbst herstellen können und in der Lage sein, Hilfskräfte hierfür anzuler-
nen.

Beim Schleifen ist folgendes zu beachten:

Schleifen Sie grundsätzlich n a ß , niemals trocken ! Trockenes Schleifen würde in jedem Fall eine tiefgreifende, nicht mehr
gut zu machende Zerstörung und Veränderung der Oberfläche verursachen. Reinlichkeit vor, während und nach jeder Bearbeitungsstufe
ist von áusschlaggebender Bedeutung. Alle Proben und Geräte müssen
sorgfältig gereinigt werden, um auch wirklich alle Reste des jeweiligen Schleifmittels und des abgeschliffenen und ausgebrochenen
Materiales zu entfernen und deren Verschleppung in den nächsten
Bearbeitungsgang oder in eine andere Probe zu verhindern. Dazu ge-
hört auch häufiges Reinigen der Hände und vor allem der Fingernä-
gel. Gewöhnen Sie sich an, die Schleifmittel möglichst gut auszu-
nützen, da diese umso teurer werden, je feiner sie sind.

1.7.3 Entnahme orientierter Proben

Arbeitsregel: Gewöhnen Sie sich an, im Gelände grundsätzlich
nur o r i e n t i e r t e Proben zu entnehmen ! Sie verzichten
sonst auf entscheidende, durch nichts zu ersetzende Daten und
Hilfsmittel für die Interpretation der mikroskopisch beobachteten
Gefüge und für deren Verknüpfung mit dem Aufbau zunehmend größerer
Erdkrustenteile.

Anleitung zur Entnahme und Behandlung orientierter Proben:

Suchen Sie im a n s t e h e n d e n Gestein eine Stelle, welche die lokalen Gefügemerkmale, z.B. eine Faltung, möglichst deutlich zeigt, eine e b e n e Begrenzung (Schicht-, Kluft- oder
Schieferungsfläche) besitzt und das Herausschlagen eines ausreichend großen Belegstückes ohne zu großen Aufwand und Verlust ge-
stattet. Machen Sie diese Ebene (Format etwa 8x8 bis 2ox2o cm) sauber und trocken und kleben Sie auf ihr einen Leukoplast-Streifen
so fest, daß seine Längsrichtung in die Richtung des mit dem Kom-
paß gemessenen S t r e i c h e n s fällt. Zeichnen Sie das Streichen u n d F a l l e n mit einem nicht abwaschbaren Stift auf
dem Streifen bzw. auf der Ebene ein unter Angabe der entsprechenden

Winkel. Geben Sie auch an, w o h i n die Ebene einfällt, wohin sie
blickt und wo unten ist. Vergessen Sie nicht, die N u m m e r Ihrer Probe ebenfalls auf ihr anzugeben u n d gleichzeitig in Ihr
Feldbuch (mit Lokalität und Datum) einzutragen. Schlagen Sie dann
das Belegstück,ohne die Eintragungen zu beschädigen und ohne es zu
zertrümmern,aus dem anstehenden Gestein heraus.

Schneiden Sie die Scheiben für genauere Untersuchungen so vom
Belegstück ab, daß die Eintragungen auf dem Reststück erhalten
bleiben und die Scheibe möglichst einfache Lagebeziehungen (senkrecht oder parallel) zu den sichtbaren Gefügedaten des Stückes aufweist. Markieren Sie die Orientierungen auf den abgeschnittenen
Scheiben ebenfalls. Markieren Sie dann auf der Scheibe, w o und
w i e die Stücke für die Dünn-und Anschliffe aus ihr herauszu-
schneiden sind. Da später eine eindeutige Lagenbeziehung zwischen
Schliff und Belegstück jederzeit herstellbar sein sollte, müssen
Sie auch auf dem Objektträger entsprechende Angaben zur Orientierung machen.

Auch bei technisch-mineralogischen Objekten, z.B. einem Ofen
entnommenen feuerfesten Steinen, ist es zweckmäßig, oben und unten
oder die F e u e r - Seite zu markieren. Für die orientierte Entnahme von Lockergesteinen finden Sie Hinweise in der angeführten
Literatur.

1.8 Trocknen

Verschmutzte stückige Proben sollten, sofern sie keine in Wasser löslichen und interessierenden Gemengteile enthalten oder
durch Berührung (Aufnahme) von Wasser oder im Leitungswasser gelösten Stoffen wesentlich verändert werden, vor ihrer Aufbereitung unter fließendem Wasser mit einer Bürste gründlich gereinigt werden.
Kompakte, eventuell noch mit einem Tuch vorgetrocknete Stücke,
trocknen meist ganz rasch an der Luft;poröse Stücke werden am besten in einem warmen Luftstrom getrocknet. Häufig werden auch Proben im nassen oder noch feuchten Zustand zur Aufbereitung vorge-
legt (Bohrklein, rezente Sedimente). Weiterhin fallen bei der Entfernung löslicher Gemengteile, störender Feinstanteile oder Überzüge sowie bei der Naßmahlung, Naßsiebung und Flotation feuchte
Kornfraktionen an, die getrocknet werden müssen.

Soweit keine Minerale zugegen sind, die mit organischen Lösungsmitteln Einlagerungs-Verbindungen bilden (wie z.B. Montmorillonit),

können k l e i n e r e Mengen körniger oder pulverförmiger was-
serfeuchter Proben dadurch sehr rasch und weitgehend getrocknet
werden, daß man das Wasser durch das mit ihm unbeschränkt mischba-
re A c e t o n verdrängt. Solche Proben werden auf einer Porzellanfilternutsche zunächst von der Hauptmenge der anhaftenden Flüssigkeit befreit und, nachdem das Vacuum abgeschaltet wurde, auf
der Nutsche noch einmal mit Aceton ausgewaschen und endgültig abge-
nutscht. Nach dem Ausbreiten in einer größeren ebenen Porzellanschale verdunstet das noch anhaftende Aceton. Vorsicht: Aceton ist
f e u e r g e f ä h r l i c h und seine Dämpfe sind gesundheits-
schädlich ! Bei Nutschen oder Exsikkatoren, die an eine Vacuum-Öl-
pumpe angeschlossen sind, darf k e i n Aceton verwendet werden,
weil dessen Dämpfe das Öl verderben.

Für das Trocknen gelten allgemein folgende Regeln:

Breiten Sie die zu trocknende Probe auf einer geeigneten Unterlage dünn aus . Trocknen Sie nicht stärker und länger, als unbedingt notwendig. Füllen Sie die Proben sofort nach dem Trocknen in
dicht schließende Behälter. Feuchte Proben mit feinverteilten Sul-
fiden, ebenso alle feuchten Erze, oxidieren sehr rasch, besonders
in der Wärme und werden deshalb am besten in einem mit frisch ent-
wässerten Silika-Gel und Stickstoff oder Kohlendioxid gefüllten
Exsikkator getrocknet. Proben, die beim Trocknen G a s e abgeben
können (Kohlengesteine, bituminöse, erdöl- oder schwefelhaltige
Gesteine) dürfen nicht zusammen mit anderen Proben getrocknet werden.

Proben, die noch zu bestimmende oder zu analysierende Minerale
mit Kristall-, Zwischenschicht- oder Zeolith-Wasser enthalten (ton-
mineralhaltige oder alkalireiche Sedimente,Salz-und Sulfatgesteine,
versenkungsmetamorphe Gesteine, Quellabsätze,Baustoffe, Böden) dürfen auf keinen Fall bei Temperaturen über 323 K und sollten besser
bei Raumtemperatur an der Luft getrocknet werden. Oft sind die Ent-
wässerungsprodukte der betreffenden Minerale röntgenamorph und ent-
ziehen sich dann einem Nachweis oder zerfallen zu feinstem Staub,
der verloren geht. Ähnlich zu behandeln sind feuerfeste Produkte,
die feucht beim Erwärmen hydratisieren. Grundsätzlich sollte bis
zur Gewichtskonstanz getrocknet werden.

Vermerken Sie bei allen Auswaagen, wie lange getrocknet wurde
und auf welche Trocknungsart und -temperatur sich die Werte bezie-
hen !

1.9 Entfernen löslicher Bestandteile

Vor allem rezente tonige Sedimente aus dem Meer oder aus Binnengewässern, Gesteine aus Tiefbohrungen, alle Evaporite, aber auch die meisten Gesteine aus ariden Gebieten enthalten w a s s e r - l ö s l i c h e   S a l z e , die v o r einer Aufbereitung entfernt werden müssen, weil sie z.B. bei Korngrößenbestimmungen nach Sedimentationsmethoden zu Flockungen führen, die Flotation empfindlich stören oder durch Wasseraufnahme oder -abgabe Wägungen ungenau machen. Bei manchen Gesteinen, Rohstoffen oder hydrothermalen Paragenesen interessiert oft der quantitative Salzgehalt.

Vorprüfung auf lösliche Salze:

Zerkleinern Sie eine Teilprobe von genau 10 g auf eine Korngröße unter 1 mm und mahlen Sie diese unter Zugabe von 50 ml ionenfreiem, zuvor auf seine elektrische Leitfähigkeit geprüften Wasser 2 Std. lang in einem gut verschließbaren Achatbecher. Überführen Sie die Suspension mittels eines größeren Trichters in einen 100ml-Meßkolben und waschen Sie zweimal mit soviel Wasser nach, daß der Meßkolben auf genau 100 ml aufgefüllt wird. Messen Sie nach dem Absetzen der Hauptmenge des Unlöslichen die elektrische Leitfähigkeit der überstehenden Lösung. Für den Gesamtgehalt der Probe an löslichen Salzen gelten folgende groben A n h a l t s w e r t e :

Leitfähigkeit (Mikrosiemens)	Gewichts-% Salze
10	0.01
100	0.1
1000	1
10000	10

Die Entfernung löslicher Anteile irgendwelcher Art sollte prinzipiell so vorgenommen werden, daß ihre quantitative Bestimmung möglich ist.

Anleitung zur quantitativen Gewinnung löslicher Salze:

Verwenden Sie bevorzugt Material, das bereits diejenige Korngröße besitzt, die es bei später vorgesehenen Aufbereitungsverfahren auch aufweisen sollte; es sollte auf jeden Fall möglichst feinkörnig sein. Füllen Sie 100g der Teilprobe in eine 500-ml-Weithals-Plastikflasche, geben Sie 200 ml ionenfreies Wasser zu und schütteln Sie 1/2 Std. lang kräftig mit der Maschine. Dekantieren Sie die Suspension zunächst in ein Becherglas, geben Sie wieder 200 ml Wasser zur Teilprobe und wiederholen Sie die Auslaugung so lange, bis

der Extrakt keine wesentliche Erhöhung der elektrischen Leitfähigkeit mehr zeigt. Filtrieren Sie die Extrakte durch ein "Blauband"-
Filter, wenn es sich um körniges Material handelt oder trennen Sie
die Lösung mit Hilfe einer "Pukall-Kerze" ab, wenn die Probe tonig
oder extrem feinkörnig ist. Dampfen Sie die Filtrate in einer zuvor gewogenen Platinschale zunächst nur weitgehend und erst zuletzt
auf dem Wasserbad vollständig ein. Führen Sie das Filtrieren und
Eindampfen zweckmäßigerweise bereits w ä h r e n d des Auslau-
gens durch . Wiegen Sie die Schale nach dem Aufbewahren im Exsikkator aus. Die Auswaage entspricht allerdings nur bei Kenntnis eines
ursprünglich etwa vorhandenen Kristallwassergehaltes genau dem Gehalt der Probe an Salzen.

Wasserlösliche Humusstoffe und wasserunlösliche organische Substanzen, soweit sie in organischen Lösungsmitteln löslich sind,
s t ö r e n bei praktisch allen Aufbereitungsverfahren und müssen
deshalb ebenfalls entfernt werden. Aber auch hier interessiert oft
der Mengenanteil.

Vorprüfung auf organische Stoffe:

Erhitzen Sie etwa 2 g einer feinkörnigen Teilprobe vorsichtig
in der Kuppe eines ganz leicht schräg gehaltenen Reagensglases,des-
sen vorderen Teil Sie durch ein aufgelegtes feuchtes Filterpapier
kühlen. Achten Sie auf Verfärbungen und die Entwicklung brenzlich
riechender Dämpfe oder gefärbter Kondensate.

Qualitativer Nachweis von Humussäuren:

Schütteln Sie in einem Reagensglas 5 g der feingepulverten Probe mit 15 ml heißer 3 %iger Natronlauge. Je nach dem Gehalt an Humussäuren tritt eine gelbe bis schwarzbraune Färbung der überstehenden Flüssigkeit ein.

Soweit es sich nicht um eine erst vor kurzem entstandene mechanische Verunreinigung der Probe mit Erdöl, Kraftstoff, Schmieröl
oder einer Schwerflüssigkeit handelt, ist in Sedimenten und Gesteinen n u r e i n T e i l der o r g a n i s c h e n Substanz
in den üblichen organischen Lösungsmitteln löslich. N u r d i e-
s e r Teil kann extrahiert und erforderlichenfalls gravimetrisch
bestimmt werden; die restlichen Gehalte müßten durch eine Elemen-
taranalyse (Bestimmung von C,H,O,N,S) ermittelt werden.

Anleitung zur Extraktion mit Hilfe des Soxhlet-Apparates:

Stellen Sie unter einem gut ziehenden Abzug in eine "Pilz"-Heiz-
haube mit regelbarer Temperatur einen passenden Glasschliffkolben

mit 500 oder 1000 ml Inhalt, der absolut frei von erkennbaren
Sprüngen oder Kratzern ist. Geben Sie in diesen Kolben einige Sie-
desteinchen und dann erst um 100 ml m e h r Extraktions-bzw. Lösungsmittel, als zur Füllung des Extraktionsaufsatzes bis zum Überlaufen notwendig ist. Schmieren Sie den Schliffkern des Extraktionsaufsatzes nur im oberen Drittel mit möglichst wenig Silikon-
schmierfett. Verbinden Sie den Aufsatz mit dem Kolben. Füllen Sie
eine abgewogene Menge der absolut trockenen Probe bis etwa 1.5 cm
unter ihren Rand in eine frische Extraktionshülse und stellen Sie
diese in den Extraktionsaufsatz.

Setzen Sie den ebenfalls nur sehr sparsam geschmierten Rück-
flußkühler auf und überzeugen Sie sich davon, daß die Schläuche
für den Zu- und Ablauf des Kühlwassers wirklich f e s t sitzen
und nicht abspringen können. Schalten Sie zuerst den Abzug und das
Kühlwasser und dann erst die "Pilz"-Heizhaube ein. Kontrollieren
Sie, ob das vom Kühler kondensierte Extraktionsmittel jeweils sofort abfließt, wenn es den oberen Rand der Hülse erreicht hat und
überzeugen Sie sich auch während der Extraktion immer wieder davon,
daß der Ablauf nicht verstopft ist, daß kein Siedeverzug eintritt
und die Kühlung funktioniert.

Brechen Sie die Extraktion ab, wenn der Extrakt nur noch wenig
oder überhaupt nicht mehr gefärbt ist. Die Hülse muß dann f r e i
vom Extraktionsmittel sein ! Schalten Sie zuerst die Heizhaube ab
und erst nach etwa 15 Minuten das Kühlwasser. Nehmen Sie die trok-
kene Hülse heraus und geben Sie ihren Inhalt in eine zuvor gewogene Porzellanschale. Die Gewichtsdifferenz zwischen Ein-und Auswaage ergibt nur ungefähr den Gehalt an löslicher organischer Substanz.

In manchen Fällen ist es notwendig, sich davon zu überzeugen,
daß das extrahierte Material nicht mehr h y d r o p h o b ist.
Als Extraktionsmittel empfiehlt sich bei wasserhaltigen Proben das
allerdings sehr feuergefährliche C y c l o h e x a n , bei wasser-
freien Proben X y l o l . Auch dieses, vor allem aber chlorhalti-
ge Extraktionsmittel, sind stark gesundheitsgefährlich. Atmen Sie
nichts ein und bringen Sie auch nichts auf die Haut ! Durch Abde-
stillieren des Extraktionsmittels könnte aus dem Extrakt die lösliche organische Substanz als solche gewonnen und quantitativ bestimmt werden.

1.10 Entfernen von bestimmten Bindemitteln oder Mineralarten durch selektives Auflösen

Die Ausnützung hinreichend großer Unterschiede in der Löslichkeit o d e r auch Lösungsgeschwindigkeit zwischen verschiedenen Mineralarten wird oft als ein besonders wirksames Verfahren zur Abtrennung von Mineralen bzw. Aufbereitung von Paragenesen angesehen. Tatsächlich wird seine Anwendung jedoch durch folgende Sachverhalte öfters begrenzt oder gar ausgeschlossen:

a) Das Verfahren setzt voraus, daß a l l e Körner der aufzulösenden Mineralart vom Lösungsmittel erreicht werden können. Inwieweit dies der Fall ist, hängt von der Korngröße der betreffenden Mineralart u n d der vorliegenden Körnung der Probe, von der Art der V e r w a c h s u n g , von der Entstehung neuer,lösungshemmender, vor allem gel-förmiger Phasen durch die Einwirkung des Lösungsmittels auf die gesamte Paragenese und von der Diffusion von Lösungsmittel und Lösung im Gefüge und im Einzelkorn ab.

b) Häufig bestehen zwischen den beteiligten Mineralen k e i n e p r i n z i p i e l l e n , sondern n u r g r a d u e l l e Unterschiede hinsichtlich des Löseverhaltens. Dies ist stets umso mehr der Fall, je f e i n e r gemahlen die Probe oder je feinkörniger sie ist.

c) An sich nicht merklich lösliche Minerale können durch Bildung schwerlöslicher Reaktionsprodukte, Ionenaustausch, Adsorption mit der L ö s u n g reagieren. Das bedeutet, daß sich während des Lösungsvorganges die Zusammensetzungen a l l e r anwesenden Mineralarten mehr oder weniger stark v e r ä n d e r n . Damit wird ein wesentliches Ziel mancher Aufbereitung, nämlich die Ermittlung der Elementverteilung in einer Paragenese, illusorisch gemacht.

Trotzdem gibt es zahlreiche Fälle, wo eine Aufbereitung überhaupt erst dadurch m ö g l i c h wird, daß ein s t ö r e n d e s Mineral w e g g e l ö s t wird. Bei vielen Sedimenten und Sedimentgesteinen sind z.B. die Einzelkörner so fest durch ein Bindemittel verkittet, daß sie nicht ohne Gefahr einer ganz groben Veränderung bzw. Verfälschung der Korngrößenverteilung isoliert werden könnten.

Allgemein gelten für das selektive Lösen folgende R e g e l n: Arbeiten Sie zügig ! Behandeln Sie die Proben so schonend wie möglich mit Lösungsmitteln . Vermeiden Sie zu hohe Säurekonzentratio-

nen, unnötiges Erhitzen, zu langes Stehenlassen mit überschüssiger
Säure, heftiges Rühren, Verreiben des Bodensatzes mit dem Glasstab
und ein Überschäumen der Lösung . Waschen Sie den Rückstand mehrmals und möglichst schonend mit ionenfreiem Wasser aus, und trocknen Sie ihn im Exsikkator und nicht im Trockenschrank.

1.10.1 Karbonatminerale

Zahlreiche Karbonatminerale treten als Bindemittel in klasti-
schen Sedimentgesteinen oder als hydrothermale Gangarten auf oder
sind wesentliche Gemengteile von Metamorphiten, Anatexiten und
Karbonatiten. Von ihnen ist nur das verbreitetste, der C a l -
c i t so leicht und so rasch löslich in Säuren, daß seine selektive Auflösung ohne erhebliche Veränderung der anderen Gemengteile
möglich ist. Besonders zwei Fälle sind hier interessant: Die Gewinnung von Tonmineralen aus calcitischen Sedimenten und Sedimentgesteinen und die Anreicherung oder Abtrennung von eventuell nur
spärlichen Begleitmineralen unterschiedlichster Art aus calcitrei-
chen Gesteinen unter weitgehender E r h a l t u n g ihrer ursprünglichen Korn-oder Aggregatformen und ihrer chemischen Zusammensetzung.

Anleitung zur Gewinnung von Tonmineralen aus Kalksedimenten
und Kalksteinen:

Geben Sie 150 g des auf eine Korngröße zwischen 0.2 und 0.63 mm
zerkleinerten, zuvor sorgfältig von Staub befreiten Materiales in
ein breites 2-Liter-Becherglas und übergießen Sie es mit 200 ml
Wasser. Geben Sie 1 Liter 2 %ige (= etwa 0.3-normale) Essigsäure
zu. Rühren Sie im Abstand von einigen Stunden (auf keinen Fall mit
einem Magnetrührer!), bis die CO_2 - Entwicklung beendet ist. (Das
kann mehrer Tage dauern !) Dekantieren Sie nach dem Absetzen des
Schwebgutes und geben Sie neue 2 %ige Essigsäure zu . Wiederholen
Sie die Erneuerung der Säure so lange (bis zu 15-mal !), bis kaum
noch ein Rest von nicht aufgelöstem körnigen Probematerial vorhanden ist. Rühren Sie schließlich noch einmal kräftig auf, und gießen
Sie nach 2 Minuten den noch in der Flüssigkeit schwebenden Tonan-
teil in ein anderes Becherglas. Filtrieren oder zentrifugieren Sie
die Tonaufschlämmung, je nachdem, wie rasch und vollständig sie
sich absetzt. Schmieren Sie den Filterkuchen auf einen frischen
"Tonteller" (unglasiertes, saugfähiges keramisches Material) und
lösen Sie ihn von diesem nach dem Trocknen an der Luft ab. Neben
den Tonmineralen enthält der Rückstand noch Quarz, Feldspäte und

Dolomit.

Wenn bei der Auflösung von Calcit Rücksicht auf die Löslichkeit von A p a t i t genommen werden muß, wie es z.B. in der Mikropaläontologie bei der Gewinnung von Conodonten der Fall ist und die Auflösung r a s c h e r erfolgen soll, wird mit Vorteil und ohne zu erwärmen eine 4 %ige Lösung von Monochloressigsäure verwendet.

Anleitung zur Freilegung der Begleitminerale des Calcits:

Geben Sie in ein 2-Liter-Becherglas 30 g der auf etwa Haselnußgröße zerkleinerten Probe und übergießen Sie diese n a c h u n d n a c h mit insgesamt 1500 ml 4 %iger Monochloressigsäure-Lösung. Lassen Sie sie nach dem Aufhören einer merklichen Schaumentwicklung noch etwa 30 Minuten stehen, und rühren Sie öfters ganz vorsichtig um, ohne die teilweise sehr empfindlichen Kristalle und Kristallaggregate der Minerale im Rückstand zu beschädigen. Dekantieren Sie vorsichtig und möglichst weitgehend und geben Sie je nach der Menge des noch nicht gelösten Calcits noch einmal 4 %ige Monochloressigsäure-Lösung zu. Lassen Sie die Probe möglichst nicht über Nacht mit Säure in Berührung, sondern gießen Sie rechtzeitig vorher ab. Waschen Sie zunächst mehrmals gründlich mit viel Leitungswasser, dann mit ionenfreiem Wasser und zuletzt mit Aceton aus. Trocknen Sie den Rückstand an der Luft oder im Exsikkator.

Wenn es nicht auf die Erhaltung der Kornformen und Korngrößen der Begleitminerale ankommt und diese nicht allzu feinteilig sind (wie Tonminerale), so können diese in sehr vielen Fällen sowohl vom Calcit a l s a u c h vom Dolomit oder Magnesit sehr gut durch Flotation (Siehe Abschnitt 7.4.5 !) abgetrennt werden.

1.10.2 Eisenhaltige Überzüge

Bei vielen gelbbraunen bis dunkelvioletten, festen oder lockeren Sedimenten oder Verwitterungsrückständen besteht das Bindemittel vorwiegend aus G o e t h i t oder H ä m a t i t oder diese Minerale bilden dünne, aber sehr fest haftende Häute oder Überzüge auf den Körnern anderer Minerale. Wie immer bei selektiver Auflösung hängt auch hier die Möglichkeit einer Trennung von der Art bzw. Reaktionsfähigkeit der Begleitminerale ab. Den Vorschlägen zur Auflösung von Eisen(III)-hydroxiden und -oxiden liegt meist ihre Überführung in gut lösliche Eisen(II)verbindungen durch geeignete R e d u k t i o n s - Mittel, wie etwa Natriumdithionit in saurer, neutraler oder alkalischer Lösung, zugrunde. Auch K o m p l e x - b i l d n e r wie Oxalsäure, Zitronensäure, Nitrilotriessigsäure lassen sich für diesen Zweck verwenden.

Anleitung zur Entfernung eisenhaltiger Überzüge auf Sanden:
Übergießen Sie eine 20 g schwere Probe in einem 600-ml-Becher-
glas mit 300 ml ionenfreiem Wasser und geben Sie 15 g feste Oxalsäure zu. Erhitzen Sie zum Sieden und halten Sie die Suspension 20
Minuten lang im Kochen. Stellen Sie w ä h r e n d des Kochens in
das Becherglas einen Ring bzw. Hohlzylinder aus A l u m i n i u m,
der einige cm über die Lösung hinausragt. Nehmen Sie den Ring nach
dem Kochen heraus und spülen Sie ihn ab; er kann für viele weitere
derartige Behandlungen benützt werden. Dekantieren Sie und waschen
Sie mehrmals mit ionenfreiem Wasser aus. Trocknen Sie den Rückstand bei 105°C im Trockenschrank.

1.10.3 Manganhaltige Überzüge

Die meisten der bei den eisenhaltigen Überzügen genannten Reduk-
tionsmittel und Komplexbildner können auch zur Entfernung mangan-
haltiger Überzüge erfolgreich verwendet werden. Zusätzlich sind
hierfür noch geeignet: 3 %iges Wasserstoffperoxid + verdünnte Salpetersäure oder Hydroxylammoniumchlorid in schwach salzsaurer Lösung.

1.10.4 Siliciumdioxid und Silikate

Während es, wie aus den bisherigen Ausführungen hervorging, für
zahlreiche n i c h t s i l i k a t i s c h e Minerale brauchbare
Lösungsmittel gibt, die eine Abtrennung der nicht in solchen Stoffen löslichen Silikate ermöglichen, ist der u m g e k e h r t e
Fall, nämlich die selektive Auflösung der S i l i k a t e unter
weitgehender oder völliger Schonung der Nicht-Silikate allgemein
n i c h t   r e a l i s i e r b a r . Dagegen ist in speziellen
Fällen eine Abtrennung b e s t i m m t e r Silikate von mehreren
anderen und an Menge überwiegenden Silikaten durch selektive Auflösung durchaus möglich, sofern nichtsilikatische Minerale nicht
vorhanden sind o d e r auf sie keine Rücksicht genommen werden
muß.

Die etwa 600 bekannten Silikatminerale unterscheiden sich sowohl
in ihrem Verhalten gegenüber Salzsäure -sei sie kalt oder heiß,
verdünnt oder konzentriert- als auch gegenüber F l u ß s ä u r e
sowie gegenüber gewissen S a l z s c h m e l z e n. Beim Verhalten gegenüber Salzsäure (und ganz ähnlich auch gegenüber Salpetersäure, Perchlorsäure und v e r d ü n n t e r Schwefelsäure) sind
zwei Fälle zu unterscheiden:

a) Das Silikat wird mehr oder weniger langsam, aber vollständig unter Bildung von flockigem, röntgenamorphen, wasserhaltigen Siliciumdioxid zersetzt; seine Kationen gehen in Lösung.

b) Das Silikat scheidet bei seiner Zersetzung sofort eine g e l - förmige Kieselsäure (Kieselgallerte) aus, die eventuell seine weitere Zersetzung stark behindert.

Auf Gesteine angewandt, lassen sich beide Reaktionsweisen weder zur Entfernung störender Überzüge noch zur Gewinnung einigermaßen reiner Mineralfraktionen benützen.

Sehr viele, aber trotzdem keineswegs alle Silikate lösen sich in ü b e r s c h ü s s i g e r konzentrierter F l u ß s ä u r e (H_2F_2), wobei das Silicium entweder als gasförmiges SiF_4 entweicht oder als SiF_6^{--}-Ion in der sauren Lösung bleibt. Während die Hexafluosilicate der meisten Metalle, mit Ausnahme des Natriums, Kaliums und Bariums, leicht löslich sind, sind viele Fluoride sehr wenig löslich, vor allem diejenigen des Magnesiums, Calciums, Aluminiums und der Seltenen Erden. Die Bildung löslicher Reaktionsprodukte einerseits und die Bildung wenig oder nicht löslicher Rückstände andererseits hängt von den Bedingungen bei der Auflösung in Flußsäure ab. Problemlos ist nur die Auflösung von reinem SiO_2 : Quarz, Cristobalit, Tridymit, Lechatelierit, Opal lösen sich in k a l t e r Flußsäure; ungelöst bleiben in ihr Coesit und Stishovit, was für die Isolierung dieser Hochdruckminerale sehr wichtig ist. Bei den eigentlichen Silikaten sind bei der Auflösung in reiner Flußsäure Komplikationen möglich, wenn nicht zur Zersetzung der gleichzeitig entstehenden Fluoride eine a n d e r e ,stärkere Säure (Salz-, Salpeter-, Perchlor- oder Oxalsäure) zugegeben wird.

Im Gegensatz zum Quarz und Cristobalit werden Feldspäte und Amphibole bei Raumtemperatur von flußsäurefreier (vorher mit Quarz geschüttelter) 30 %iger Hexafluokieselsäure, H_2SiF_6, im Laufe von 3 Tagen vollständig gelöst; Talk und Pyrophyllit bleiben ungelöst.

Beim Schmelzen einer im wesentlichen aus Quarz, Feldspäten und Glimmern bestehenden Probe mit einem bis zu 60-fachen Überschuß von Natriumhydrogensulfat, $NaHSO_4$, in einem Quarzglastiegel bleiben Quarz und Feldspäte unangegriffen, während die Glimmer vollständig zersetzt werden. Der Schmelzrückstand muß mehrmals mit 3-normaler Salzsäure ausgewaschen werden.

Durch eine Kombination der beiden eben erwähnten Methoden ist es möglich, Quarzkörner, die ihre Kornform, Korngrößenverteilung und sogar die ursprüngliche Verteilung ihrer Sauerstoff-Isotope bewahrt haben, aus Gemischen oder Verwachsungen mit Feldspäten und Glimmern zu gewinnen.

Eine sehr wichtige Rolle spielt die Auflösung von überwiegenden gesteinsbildenden Silikaten (Quarz, Feldspäte, Feldspatvertreter, Biotit, Chlorit, Serpentinminerale) durch konzentrierte Flußsäure bei der r a s c h e n Gewinnung von großenteils sehr spärlichen flußsäure-unlöslichen A c c e s s o r i e n wie Zirkon, Gold, Granate, Spinelle, Perowskit unter Erhaltung ihrer ursprünglichen Kornformen und Korngrößen. Wie ein Blick auf den in dieser Hinsicht nicht vollständigen ersten Abschnitt der Tabelle 2 zeigt, können sich dabei sehr zahlreiche Mineralarten i m R ü c k - s t a n d anreichern. Diese können, nach einer eventuellen Vorsortierung mit einem starken Stabmagneten und dem Magnetscheider, meist nur durch Auslesen unter dem Stereomikroskop sortiert werden.

Anleitung zur Freilegung von Accessorien mit Flußsäure:

Auf die bereits erwähnte Gefährlichkeit der Flußsäure und die Vorsichtsmaßnahmen beim Umgang mit ihr sei noch einmal hingewiesen. Da Flußsäure die üblichen Laborgläser sehr rasch auflöst, müssen alle Auflösungsversuche mit ihr in Bechern aus T e f l o n durchgeführt werden und da ihre Dämpfe Glas ätzen und matt machen, sollten aus dem benutzten Abzug alle Glasgeräte entfernt werden. Die Reaktion der Silikate mit Flußsäure verläuft auch in der Kälte häufig schon sehr heftig, so daß die große Gefahr des Verspritzens besteht. Es wird deshalb dringend empfohlen, folgendermaßen vorzugehen:

Geben Sie in einen genügend großen Teflonbecher eine zur Auflösung der Einwaage an Gesteinsprobe mehr als ausreichende Menge von konzentrierter (mindestens 58 %iger) Flußsäure u n d einer anderen starken Säure (Salzsäure oder Oxalsäure). Die Flüssigkeit darf jedoch den Becher nicht mehr als bis zur Hälfte füllen. Geben Sie mit Hilfe eines Kunststofflöffels eine k l e i n e Portion der m ö g l i c h s t g r o b k ö r n i g e n (auf Erbsen- bis Haselnußgröße zerkleinerten) Probe in das Säuregemisch. Rühren Sie mit Hilfe eines Teflonstabes zwar kräftig, aber so, daß der Bodensatz aus bereits freigelegten Mineralkörnern nicht zerrieben wird. Geben Sie die nächste Portion erst zu, wenn die vorhergehende völlig zersetzt ist. Dekantieren Sie nach beendeter Auflösung das Säuregemisch möglichst weitgehend in einen zur Hälfte mit Leitungswasser

gefüllten Plastikeimer. Leeren Sie auf keinen Fall diesen Eimer direkt in den Ausguß, weil sein Inhalt die Abflußleitung zerstört,
sondern nehmen Sie die Mühe auf sich, die Säure vollständig mit
portionsweise zugegebenen K a l k s t e i n s t ü c k c h e n zu
n e u t r a l i s i e r e n . Beachten bzw. vermeiden Sie dabei
eine zu starke Gasentwicklung bzw. ein Aufschäumen. Tragen Sie bei
der ganzen Prozedur eine gute Schutzbrille,und hüten Sie sich vor
dem Einatmen von Flußsäuredämpfen.

1.11 Entfernen von störenden Feinstanteilen

Fast allen Aufbereitungsverfahren gehen Zerkleinerungsvorgänge
voraus. Bei diesen entstehen trotz aller Sorgfalt unvermeidlich
"Feinstanteile",d.h., Bruchstücke in der Größenordnung von wenigen
Mikrometern (μm); in vielen Fällen entstehen sogar beträchtliche
Mengen. Ihre Bildung ist der wesentliche Grund dafür, daß praktisch alle Trennverfahren für Mineralkörner niemals quantitativ
durchgeführt werden können, einfach deshalb, weil es nicht möglich
ist, sie auf so kleine Körner noch anzuwenden.

Diese Feinstanteile s t ö r e n nicht nur i n j e d e m
Fall bei den wichtigsten Verfahren der Gesteinsaufbereitung, sondern können diese überhaupt undurchführbar machen. Sie umhüllen
größere Körner, die dann z.B. beim Auslesen unter dem Mikroskop
nicht richtig erkannt werden, sie verkleben die größeren Körner
bei der Schwerflüssigkeits-Trennung und Magnetscheidung, sie absor-
bieren bevorzugt Flotationsreagentien und nehmen diese sozusagen
den zu flotierenden Mineralen weg, sie reichern sich im Flotations-
schaum an, wodurch sie die Konzentrate verunreinigen.

Feinstanteile m ü s s e n also möglichst vollständig e n t -
f e r n t werden. Das kann geschehen: Entweder durch Ausblasen
einer Kornfraktion, die zwischen zwei Sieben geschüttelt wird, im
Druckluftstrom oder, besonders wirksam, jedoch nur, wenn es Probe
und Aufbereitungsziel zulassen, durch A u s w a s c h e n . Bei
diesem wird vom STOKES'schen Sedimentationsgesetz Gebrauch gemacht,
das allerdings streng nur für sehr verdünnte Suspensionen mit ausschließlich kugelförmigen Teilchen gilt. Nach diesem Gesetz errechnet sich die Fallgeschwindigkeit V als Verhältnis der Fallhöhe
(des Fallweges) h (cm) und der Fallzeit t (s) zu

$$V = \frac{h}{t} = \frac{2}{9} \cdot G \cdot \frac{D_1 - D_2}{\eta} \cdot r^2$$

Darin sind:

$G = 981$ cm· s^{-2}

$D_1 =$ Dichte des fallenden Minerals $(g \cdot cm^{-3})$

$D_2 =$ Dichte der Flüssigkeit $(g \cdot cm^{-3})$

$r =$ Radius der fallenden Körner (cm)

$\eta =$ Viskosität der Flüssigkeit $(g \cdot cm^{-1} \cdot s^{-1})$

Für Wasser gelten folgende Werte von :

$15^{\circ}C$	0.01139
$20^{\circ}C$	0.01002
$25^{\circ}C$	0.008904

Gibt man eine bestimmte Fallhöhe h vor, so kann man mit Hilfe der Dichten D_1 und D_2 und der für die betreffende Temperatur des Wassers zutreffenden Viskosität errechnen, nach welcher Fallzeit t alle Körner, deren Korngröße gleich oder größer als ein ebenfalls vorgegebener Durchmesser d ist, die Fallhöhe h durchfallen haben, d.h., sich unterhalb eines bestimmten Flüssigkeitsniveaus befinden müssen. E n t f e r n t man die ü b e r diesem Niveau stehende Flüssigkeit, so entfernt man mit ihr gleichzeitig, jedoch nicht vollständig diejenigen Körner des Minerals, deren Durchmesser k l e i n e r als d ist. Der andere Teil dieser kleineren Körner befindet sich bereits unterhalb des Niveaus. Wiederholt man die Abtrennung der überstehenden Flüssigkeit mehrfach, so kann man die Körner mit einem Durchmesser unter d s e h r w e i t g e - h e n d entfernen. Für den nicht in cm, sondern in μm gemessenen Durchmesser d ergibt sich die Fallzeit t in Wasser für die Fallhöhe h (cm) zu

$$\frac{183\ 486 \cdot h \cdot \eta}{(D_1 - D_2) \cdot d^2} = t\ (s)$$

Bei einer Paragenese aus Mineralarten mit unterschiedlicher Dichte bezieht sich die Berechnung meist auf die h ä u f i g s t e Mineralart. Man sollte sich aber darüber im klaren sein, daß sich in dem entfernten Flüssigkeitsanteil noch größere Körner mit geringerer Dichte und in dem nicht entfernten Anteil noch kleinere Körner mit höherer Dichte befinden.

W o h i n man die Korngrenze für Feinstanteile legt, ist willkürlich; es hängt dies auch davon ab, ob das interessierende Mine-

ral in der Paragenese in einigermaßen großen Körnern und in welcher
Menge es vorkommt und welche Aufbereitungsverfahren man wählt. In
den meisten Fällen wird man die Korn - G r e n z e bereits bei
36 µm bis 20 µm , selten darunter legen. "Grenze" bedeutet allerdings nicht, daß die Feinstanteile grundsätzlich "verworfen" werden; in manchen Fällen interessieren gerade sie !

Anleitung zur Entfernung von Feinstanteilen:

Geben Sie 100 bis 300 g der von Feinstanteilen zu befreienden
Kornfraktion in ein breites 2-Liter-Becherglas und füllen Sie dieses bis etwa 4 cm unter den Rand mit ionenfreiem Wasser auf. Markieren Sie nach dem ersten Durchmischen mit einem Filzschreiber an
der Außenwand vom Flüssigkeitsspiegel nach unten eine fortan konstant gehaltene Fallhöhe, z.B. 10 cm. Rühren Sie etwa 2 Minuten
lang mit einem dicken Glasstab die Suspension kräftig um, so daß
alle Körner, auch die in der Mitte, in Bewegung sind. Rühren Sie
zuletzt noch einmal kurz im Gegensinn, so daß die Suspension rasch
zur Ruhe kommt, ziehen Sie den Rührstab heraus und drücken Sie eine Stoppuhr oder blicken Sie auf Ihre Armbanduhr. Lassen Sie die
Suspension sich während der vorgesehenen Fallzeit ruhig absetzen.
Tauchen Sie 15 Sekunden vor Ablauf der Fallzeit ein Glasrohr in
die Suspension, das über einen Vacuumschlauch mit einer evakuier-
baren Vorratsflasche von 5 Liter Inhalt verbunden ist, die ihrer-
seits wieder über eine mindestens 2-fach tubulierte Wulff'sche Flasche mit einer Wasserstrahlpumpe bzw. einer Vacuumanlage verbunden
ist (das Vacuum sollte bereits eingeschaltet sein).

Saugen Sie kontinuierlich und ohne das Vacuum zu unterbrechen
bzw. das Saugrohr aus der Flüssigkeit zu nehmen die überstehende
Flüssigkeit bis zur Marke für die Fallhöhe ab. Wiederholen Sie das
Abhebern der Feinstanteile, eventuell unter Veränderung der Fallhöhe so lange, bis die über dem Rückstand stehende Flüssigkeit klar
bleibt.

Dann schütten und spülen Sie den von Feinstanteilen freien Rückstand auf ein angefeuchtetes Filter, das Sie in eine genügend große, mit Vacuum beaufschlagte Porzellanfilternutsche eingelegt haben, trocknen ihn unter Beachtung des in Abschnitt 1.8 ausgeführten und wiegen ihn.

Die Suspension mit den Feinstanteilen wird, auch wenn diese
nicht gewonnen werden sollen, k e i n e s w e g s einfach wegge-
schüttet ! Sie enthält nämlich noch einen großen Teil der meist

ebenfalls interessierenden n a t ü r l i c h   h y d r o p h o -
b e n Minerale der Paragenese ! Gießen Sie deshalb s t e t s die
Suspension mit den Feinstanteilen durch das f e i n s t e verfügbare Sieb (20 μm ,28 μm oder 36 μm), waschen Sie den Siebrückstand
mit Wasser aus einer Spritzflasche aus ,und spülen Sie ihn auf ein
Filter in einer Nutsche. Gegebenenfalls vereinigen Sie ihn (nach
der üblichen mikroskopischen Betrachtung) mit ihrer gereinigten
Kornfraktion.

1.12 Möglichkeiten zur Verunreinigung bei der Vor-und Aufbereitung;
     die Folgen von Verunreinigungen und ihre Vermeidung

Bei allen Untersuchungen einer Paragenese oder eines Minerales
ist man aus verständlichen Gründen bestrebt, nur solche Bestandteile oder Eigenschaften zu bestimmen, die die untersuchte Probe "von
Natur aus", also ohne menschliches Zutun, besitzt. Nun kommt jede
Probe von der Probenahme bis zur Analyse mit zahlreichen Stoffen
in teilweise sehr innige und längere Berührung, die in der Probe
selbst nicht vorkommende Elemente oder Isotope oder Verbindungen
enthalten. Sie kann sich mit diesen Stoffen vermischen oder sie
wird mit ihnen reagieren, schon deshalb, weil im Laufe der Aufbereitung die spezifische Oberfläche und damit die Reaktionsfähigkeit
der Probe vergrößert wird.

Außer diesen chemischen Einflüssen wird die Probe auch mechanischen und thermischen Einflüssen ausgesetzt, die sie verändern können. Jeder, der Proben aufbereitet, muß zunächst die Ursachen von
Verunreinigungen und Veränderungen kennen, um diese dann nach Kräf-
ten vermeiden zu können und muß auch wissen, w i e sich manchmal
nicht vermeidbare Verunreinigungen und Veränderungen auf die Aufbereitung und Untersuchung auswirken.

1.12.1 Dehydratation und Hydratation

Minerale, die W a s s e r relativ l o c k e r gebunden enthalten, geben dieses Wasser bereits bei Temperaturen kurz oberhalb
der Raumtemperatur ab. Falls Sie solche Minerale in der Probe ver-
muten, sollten Sie sich unbedingt durch vorausgehende Röntgenbeu-
gungs-, DTA- oder IR - Aufnahmen Gewißheit verschaffen. Sie müßten
dann jede unnötige Erwärmung der Probe im Laufe der Vor- und Aufbereitung vermeiden.

Es gibt auch Minerale, die das Bestreben haben, Wasser rasch
chemisch zu binden; sie kommen vor allem in gebrannten technischen
Produkten vor. Wenn auch nur die Vermutung besteht, daß solche Mi-

nerale oder Phasen anwesend sind, ist es zweckmäßig, die Probe

a) nicht unnötig oder zu lange oder in zu großen Mengen aus ihrem stets dicht zu verschließenden Behälter zu nehmen,

b) möglichst unter Vermeidung einer Berührung mit Wasser vor- und aufzubereiten, z.B. durch Waschen oder Mahlen mit wasserfreiem Aceton oder mit Cyclohexan.

Bei manchen Proben macht sich eine Wasseraufnahme durch eine Volumenvergrößerung der betreffenden Körner bemerkbar, die zum Zerfall oder Zerrieseln der Gesamtprobe führen kann.

1.12.2 Oxidation

Der an der Erdoberfläche herrschende Sauerstoffpartialdruck (p_{O_2}) nimmt nach dem Inneren der Erde zu rasch auf sehr geringe Werte ab. Die meisten magmatischen und metamorphen Gesteine und auch viele sedimentäre Paragenesen sind bei recht n i e d e r e m p_{O_2} entstanden und deshalb gegen hohen p_{O_2} i n s t a b i l , d.h., bestimmte Minerale oxidieren.

Oxidation ist aus zwei Gründen unerwünscht:

a) Öfters werden aus dem Verhältnis von Ionen unterschiedlicher Ladungszahl in einem Mineral Schlüsse auf den Sauerstoffpartialdruck bei seiner Genese, also auf die Bildungsbedingungen, gezogen. Solche Schlüsse sind nicht mehr möglich oder werden verfälscht, wenn Oxidation stattgefunden hat.

b) Besonders bei Gegenwart von Wasser und etwas höheren Temperaturen werden manche Minerale, vor allem S u l f i d e ,ganz rasch oxidiert. Es treten Ausblühungen und Verfärbungen auf, die Mineralkörner zerfallen, Sekundärminerale entstehen, gelöste Schwermetall-Kationen verteilen sich auf andere Kornoberflächen und verändern dann z.B. deren Verhalten bei der Flotation oder auch bei der Fluoreszenz grundlegend.

Die wichtigsten Regeln zur Vermeidung von Oxidation sind:

Entnehmen Sie bei oxidationsempfindlichen Mineralen oder Paragenesen (dazu gehören alle Sulfide im weiteren Sinne, alle Fe^{2+} und Mn^{2+}-Minerale) möglichst große, trockene, massive, keiner Reinigung durch Waschen bedürftige Stücke. Schließen Sie diese nach gründlichem Trocknen sofort in dicht schließende Behälter ein. Zerkleinern Sie solche Proben erst dann, wenn sie auch zügig weiter verarbeitet werden können. Füllen Sie die Behälter mit zerkleinertem Material möglichst v o l l an. Lassen Sie zerkleinertes Material niemals lange an der Luft liegen, vor allem nicht in

feuchtem Zustand. Trocknen Sie feuchtes Material im Exsikkator
oder mit Aceton.

1.12.3 Metallabrieb

Bei allen Vorgängen, die mit einer Zerstörung der ursprünglichen Korngrößenverteilung verbunden sind, ist eine oft unter sehr
hohem D r u c k erfolgende Berührung zahlreicher Probekörner mit
den Werkstoffen der benützten Geräte unvermeidlich. Die betreffenden Körner erhalten dabei eine zwar nur sehr dünne, aber dafür
fest haftende Schicht des Werkstoffmaterials, z.B. Schlagspuren
eines Hammers auf Gesteinsbrocken, oder es werden feinste Splitter
vom Werkstoffmaterial herausgeschlagen und abgerieben. Zur Vermeidung unnötiger und zur Verminderung unvermeidlicher Verunreinigungen ist folgendes zu beachten:

1. Benutzen Sie nach Möglichkeit nur ein Zerkleinerungsgerät,
dessen mit der Probe in Berührung kommendes Material auf jeden
Fall h ä r t e r ist als der härteste Gemengteil in der zu zerkleinernden Probe. (Als "Härte" kann hier die Mohs'sche Härte benützt werden).

2. Verwenden Sie zur analytischen Bestimmung eines Elementes in
der Probe, das gleichzeitig Haupt- oder Nebenbestandteil im Werkstoff des Zerkleinerungsgerätes ist, eine Teilprobe, die mit Hilfe
eines Gerätes aus einem a n d e r e n Werkstoff gewonnen wurde.
Es enthalten z.B.:

Backenbrecher- Platten:	Eisen, Mangan
Scheibenschwingmühlen:	Wolfram, Kobalt,Kohlenstoff
Hartporzellan-Kugelmühlen:	Silicium, Aluminium
Messingsiebe:	Kupfer, Zink, Blei
Edelstahlsiebe:	Eisen, Chrom, Nickel
Achatbecher:	Silicium

3. Unterlassen Sie jedes unnötige Zusammenbringen der Probe mit
Metallen, z.B. Transport in verzinnten oder verzinkten Behältern,
Umrühren oder Mischen mit Metall-Spateln, -Löffeln, Zerdrücken
oder Verreiben in Platin-, Silber-, Nickel-Tiegeln oder -Schalen,
langes Sieben in Metallsieben.

4. Reinigen Sie Kugelmühlen und vor allem A c h a t - Becher
und -Schalen n i e m a l s mit S ä u r e n ! Reinigen Sie diese
n u r durch längeres Mahlen von Quarzsand. Achat (weniger Porzellan) ist m i k r o p o r ö s und würde deshalb die aus einem Metallabrieb am Achat entstehende saure, schwermetallhaltige Lösung

begierig aufsaugen. Auf diese Weise würde das Gegenteil einer Reinigung erreicht: Das Schwermetall würde sehr gleichmäßig im Achat
bzw. Porzellan verteilt werden.

1.12.4 Oberflächenaktive Stoffe

Bei der F l o t a t i o n und auch bei der elektrostatischen
Trennung, in geringerem Ausmaß bei der Magnetscheidung, spielt die
Beschaffenheit der K o r n o b e r f l ä c h e n eine ausschlag-
gebende Rolle. Die Mineralkörner dürfen deshalb, wenn diese Trennverfahren angewandt werden sollen, u n t e r   k e i n e n U m -
s t ä n d e n durch o b e r f l ä c h e n a k t i v e Stoffe
verunreinigt oder verändert worden sein. Die Folgen wären Störung
und oft sogar Verhinderung einer Mineraltrennung.

Oberflächenaktiv wirken: Kraftstoffe, Schmierfette, Öle, hoch-
siedende Lösungs- und Extraktionsmittel, S c h w e r f l ü s s i g-
k e i t e n , R e i n i g u n g s m i t t e l (Seife, Pril etc.),
Flotationsreagentien, D i s p e r g i e r u n g s - und Flockungs-
Mittel, Bestandteile von Farben und Lacken. Beachten Sie deshalb
folgendes:

1. Vermeiden Sie bei der Probenahme, beim Transport und bei der
Zerkleinerung jegliche Verunreinigung der Probe mit oberflächenaktiven Stoffen .

2. Führen Sie Flotationen g r u n d s ä t z l i c h und Magnetscheidung g r ö ß e r e r Probemengen stets v o r einer
Schwerflüssigkeitstrennung durch.

3. Verwenden Sie handelsübliche Reinigungsmittel zum Säubern
von Proben ü b e r h a u p t   n i c h t und bei der Reinigung
der zur Vor- und Aufbereitung benützten Geräte möglichst s p a r -
s a m und spülen Sie stets gründlich und mit v i e l Wasser
nach.

4. Achten Sie darauf, daß kein Öl oder Schmierfett aus Maschinen an die Proben gelangen kann.

5. Verwenden Sie zur Abtrennung der Feinstanteile k e i n e
Dispergierungs- oder Flockungsmittel.

1.13 Fragen zur Probenvorbereitung

1. Apatit enthält häufig kleine Mengen U r a n . Wie gehen Sie vor, um zu prüfen, ob Apatit und Uran an denselben Stellen auftreten ?

2. Mergel können als authigene Bildung Heulandit enthalten. Wie können Sie Heulandit aus einem Mergel unter Erhaltung seiner Kristallform isolieren ?

3. Welche Minerale sind von Natur aus hydrophob ?

4. Was machen Sie, wenn Sie beim unvorsichtigen Arbeiten mit Flußsäure diese an Zeigefinger und Daumen gebracht haben ?

5. Welche Fremdelemente können durch Schleifmittel in eine Probe eingebracht werden ? Wie können Sie ganz geringe Schleifmittelreste, die Sie isoliert haben, mit Hilfe des Polarisationsmikroskopes unterscheiden bzw. identifizieren ?

6. Wie kann man in einem Stinkflußspat die Träger der radioaktiven Strahlung lokalisieren ?

7. Wie kann man in einem Sandstein farblosen oder weißen Cerussit durch selektive Anfärbung sichtbar machen ?

8. Wie gehen Sie vor, um in einem sehr geringhaltigen porphyrischen Kupfererz die Kupferminerale (neben weit überwiegendem Pyrit) in einem g r ö ß e r e n Anschnitt zu lokalisieren bzw. sichtbar zu machen ?

9. Sie extrahieren einen Asphaltkalkstein im Soxhlet-Apparat. Plötzlich bemerken Sie, daß der das Extraktionsmittel enthaltende Rundkolben einen großen Sprung bekommt, so daß die Gefahr besteht, daß das Extraktionsmittel in die Heizhaube ausläuft und sich entzündet. Was tun Sie als erstes, was als zweites und was als drittes ?

10. Aus einem überwiegend aus Quarz bestehenden Sandstein sollen mit Hilfe von Flußsäure unter Erhaltung ihrer Kornformen Zirkon, Chromit, Pyrit und Gold isoliert werden. Wie gehen Sie vor ? Wieviel 48 %ige Flußsäure benötigen Sie zur Aufbereitung von 1 kg dieses Sandsteines voraussichtlich ?

11. Zur selektiven Auflösung von Calcit benützt man 4 %ige Monochloressigsäure. Wie ändert sich der pH - Wert in diesem System während der Auflösung ?

12. Wie würden Sie das bei einer Bohrung nach Erdöl anfallende, durch Erdöl und Salzlösungen sowie durch die Spülflüssigkeit verunreinigte "Bohrklein" zur Untersuchung vorbereiten ?

1.14 Literatur zur Probenahme

ALLEN,T.,A.A.KHAN: Critical evaluation of powder sampling procedures. Chem.Engr.,No.238, May 1970, CE 108-112

BATEL,W.: Korngrößenmeßtechnik. (1960), S.27-51 . Berlin/Göttingen/Heidelberg: Springer-Verlag

BENTZ,A.,H.J.MARTINI: Lehrbuch der Angewandten Geologie,Band 2, Teil 1, (1968) S.76-82. Stuttgart: Ferdinand Enke Verlag

BINTIG,K.H.: Die Bestimmung der Optimalwerte für Anzahl und Gewicht der Einzelproben bei der Haufwerksprobenahme. Bergakademie 12 (1960) H.3, 149-157

CAMERON,E.M.: Evaluation of sampling and analytical methods for the regional geochemical study of a subsurface carbonate formation. Jour.Sedim.Petrology 36 (1966) 755-763

DIN 51061 : Prüfung keramischer Roh-und Werkstoffe; Probenahme, keramische Rohstoffe und feuerfeste ungeformte Erzeugnisse

DIN 51701/51702 : Probenahme und Probenaufbereitung von körnigen/staubförmigen Brennstoffen

ENGELS,J.C.,C.O.INGAMELLS: Effect of sample inhomogeneity in K-Ar-Dating. Geochim.Cosmochim.Acta 34 (1970) 1007-1017

GDMB: Probenahme. Theorie und Praxis. Heft 36 der Schriftenreihe der GDMB. Vorträge beim 9.Metallurg.Seminar d.Fachausschuss. für Metallhüttenmänn.Ausbildung der GDMB. Weinheim: Verlag Chemie. (1980) 384 S.

GY,P.: Probenahme von Erzen. Erforderliche Probemenge-Kurventafeln. Erzmetall 8 (1955) Beiheft, B 199 - B 220

GY,P.: Modèle générale de l'echantillonage des minerais. Revue Ind.minér. 53 (1971) 77 - 99

HUTSCHENREUTHER,W.: Fehlerfortpflanzung bei der Probenahme. Bergakademie 17 (1965) H.9, 537-542

ISO 3081-3087 : Normen für Probenahme von Eisenerzen

JONES,M.J.(editor): Geological, Mining and Metallurgical Sampling. (1974) 268 pp. London: The Institution of Mining and Metallurgy

JONES,M.P.,C.H.J.BEAVEN: Sampling of non-Gaussian mineralogical distributions. Trans.Inst.Min.Metall. 80 (1971) B 316 - B 323

KISH,L.: Survey Sampling. (1967) 643 pp. New York: John Wiley & Sons.

KOCH,G.S.jr.,R.F.LINK: The coefficient of variation - a guide to sampling of ore deposits. Econ.Geol. 66 (1971) 293-301

KRUMBEIN,W.C.,W.C.RASMUSSEN: The probable error of sampling
beach sands for heavy mineral analysis. Jour.Sedim.Petrology 11
(1941) 10-20

MÜLLER,G.: Methoden der Sediment-Untersuchung. (1964) S.25-34,
Stuttgart: E.Schweizerbart'sche Verlagsbuchhandlung

ROWLAND,R.St.J.,H.S.SICHEL: Statistical quality control of rou-
tine underground sampling. Jour.South Afric.Inst.Min.Metall. 60
(1960) 251-284

SOMMER,O.: Probenahme,Probemenge,Probenverarbeitung. Staub 15
(1955) No.39/42, 644-683

SPORBECK,H.: Technische Hilfsmittel der Probenahme und Proben-
verarbeitung. Fresen.Z.Analyt.Chem. 209 (1965) 60-104

WILSON,A.D.: The sampling of silicate rock powders for chemical
analysis. Analyst (London) 89 (1964) 18-30

ZETTLER,H.: Die Probenahme. Erzmetall 18 (1965) 165-171

1.15 Literatur zur Probenvorbereitung

ADAMS,F.W.: A new process for the removal of iron oxide from silica sands. J.Soc.Glass Technol. 19 (1935) 118-124

ALI,S.A.: Acetate peels for the study of carbonate rocks. Paki-
stan J.Scient.Industr.Res. 11 (1968) 213-214

ATCHLEY,F.W.: Low magnification thin section photography. Amer.
Mineral. 43 (1958) 997-1000

BAILEY,E.H.,R.E.STEVENS: Selective staining of K-feldspar and
plagioclase on rock slabs and thin sections. Amer.Mineral. 45
(1960) 1020-1025

BARR,J.L. et al.: Large epoxy peels. Jour.Sedim.Petrology (1969)
445-449

BERUFSGENOSSENSCHAFT CHEMIE: Merkblatt für Arbeiten mit Fluor-
wasserstoff (Flußsäure und Fluoriden). Best.-Nr. G 19 (1968)
Weinheim: Verlag Chemie GmbH.

BISSELL,H.J.: Combined preferential staining and cellulose peel
technique. Jour.Sedim.Petrology 27 (1957) 217-220

BLAZY,P.,J.CASES: Coloration selective des carbonates et trait-
ment des minerais. Soc.Franç.Miner.Crist.Bull. 86 (1963)200-201

BOONE,G.M.,E.P.WHEELER: Staining for cordierite and feldspars
in thin section. Amer.Mineral. 53 (1968) 327 - 331

BOSAZZA,V.L.: On the adsorption of some organic dyes by clays
and clay minerals. Amer.Miner. 29 (1944) 235-241

50

BRANNOCK,K.C.: Specimen cleaning reagents. Mineral.Record 1 (1970) 45

BROWN,H.C.,M.A.KHAN: Portable apparatus for collecting small oriented cores in the field. Geol.Mag. 100(1963)451-455,4 pls.

BUSER,W.,A.GRÜTTER: Über die Natur der Manganknollen. Schweiz. Min.Petr.Mitt.36 (1956) 49-62

CARLSSON,E.L. et al.: Development time for chromate staining of barite. South Carolina,Div.Geology,Geologic Notes 17(4)(1973) 106-113

CARVER,R.E.(Editor): Procedures in sedimentary petrology.(1971) Wiley-Interscience

CHAYES,F.J.: Notes on staining of potash feldspar with sodium cobaltinitrite in thin section. Amer.Mineral.37 (1952)337-340

CHESTER,R.,M.J.HUGHES: A chemical technique for the separation of ferromanganese minerals, carbonate minerals and absorbed trace. ce elements from pelagic sediments. Chem.Geology 2(1967)249-262

CONNOLLY,C.C.: Ultrasonically induced etching of quartz. Nature 210 (1966) 1251

CZAMANSKE,G.K.,C.O.INGAMELLIS: Selective chemical dissolution of sulfide minerals: A method of mineral separation. Amer.Mineral.55 (1970) 2131-2134

DAUPHIN,P.: Size distribution of chemically extracted quartz used to characterize fine-grained sediments. Jour.Sedim.Petrol. 50 (1980) 2o5-214

DAVIES,P.J,R.TILL: Stained dry cellulose peels of ancient and recent impregnated carbonate sediments. Jour.Sedim.Petrol. 38 (1968) 234-237

DAWSON,K.R.,W.D.CRAWLEY: An improved technique for staining potash feldspars. Canad.Mineralogist 7 (1963) 805-808

DELL,C.C.: An expression for the degree of liberation of an ore. Trans.Inst.Min.Metall. 48 (1969) C152 - C153

DICKSON,J.A.D.: A modified staining technique for carbonates in thin section. Nature 205 (1965) No.497, 587

DICKSON,J.A.D.: Carbonate identification and genesis as revealed by staining. Jour.Sedim.Petrol. 36 (1966) 491-505

DUANE,M.J.,C.T.WILLIAMS: Some applications of autoradiographs in textural analysis of uranium-bearing samples. Econ.Geol. 75 (1980) 766 - 770

DUCHESNE,J.C.: Séparation rapide des minéraux des roches. Ann.

(Bull.) Soc.Géol.Belgique 89 (1966) B 347 - B 356

EGGIMANN,D.S. et al.: Dissolution and analysis of amorphous silica in marine sediments. Jour.Sedim.Petrol. 50(1980)215-225

EINAUDI,M.T.: An iron-sensitive stain for iron-rich sphalerite. Amer.Mineral. 55 (1970) 1413-1417, 1 fig., 1 col.pl.

ELLINGBOE,J.,J.WILSON: A quantitative separation of non-carbonate minerals from carbonate minerals. Jour.Sedim.Petrol. 34 (1964) 412-418

EVAMY,B.D.: The application of a chemical staining technique to a study of dedolomitization. Sedimentology 2 (1963) 164-170

EVAMY,B.D.: The precipitational environment and correlation of some calcite cements deduced from artificial staining. Jour.Sediment.Petrol.39 (1969) 787 - 821

FAHEY,J.J.: Recovery of coesite and stishovite from Coconino Sandstone of Meteor Crater,Arizona. Amer.Mineral. 49 (1964) 1643-1647

FAHN,R.: Anfärbeversuche von Tonmineralien mit Fluoreszenzfarbstoffen. Tonind.-Ztg.Zbl. 79 (1955) H.15/16, 233-236

FAIRBANKS,E.E.: A modification of Lemberg's staining methods. Amer.Mineral.,10 (1925) 126-127

FAUST,G.T.: Staining of clay minerals as a rapid means of identification in natural and beneficiated products. U.S.Bur.Mines, Rept.Invest. 3522 (1940) 1-21

FEIGL,F.: Tüpfelanalyse. Bd.1: Anorganischer Teil. 4.Dtsch.Aufl. (1960) Frankfurt/Main: Akadem.Verlagsgesellschaft m.b.H.

FORD,A.,E.L.BOUDETTE: On the staining of anorthoclase. Amer. Mineral. 53 (1968) 331-334

FOSTER,W.R.: Useful aspects of the fluorescence of accessory-mineral zircon. Amer.Mineral. 33 (1948) 724-735

FRANK,R.M.: An improved carbonate peel technique for high powered studies. Jour.Sedim.Petrol. 35 (1965) 499 - 500

FRIEDMAN,G.M.: Identification of carbonate minerals by staining methods. Jour.Sedim.Petrol. 29 (1959) 87 - 97

GABRIEL,A.,E.P.COX: A staining method for the quantitative determination of certain rock minerals. Amer.Mineral. 14(1929) 49o-492

GAINES,E.V.: Metodos de laboratorio para la separacion y purificacion de muestras minerales. Inst.de Geologia(Mexico)75(1965) pt.2, 2o pp.

GERMANN,Kl.: Die Technik des Folienabzuges und ihre Ergänzung durch Anfärbemethoden. N.Jb.Geol.Paläont.,Abh.121(1965)293-306

GLOVER,E.: Method of solution of calcareous materials by using the complexing agent EDTA. Jour.Sedim.Petrol. 31(1961)622-626

GÖRZ,H.,E.W.WHITE: Minor and trace elements in HF-soluble zircons. Contrib.Mineral.Petrol. 29 (1970) 180-182

GONI,J.C.: Nouvelle méthode de différentiation entre calcite et dolomite. Soc.Franc.Miner.Crist.Bull. 83 (1960) 254-256

GOODMAN,G.,G.A.THOMPSON: Autoradiography of minerals. Amer. Mineral. 28 (1943) 456 - 467

GOODMAN,C.,D.C.PICTON: Autoradiography of ores. Phys.Rev.60 (1941) 688 ff.

GREGNANIN,A.,C.VITERBO: Metodo de colorazione per identificare la cordierite in sezione sottile. Rend.Soc.Min.Italiana 21(1965) 111-120

GRIFFITHS,J.C.: Problems of sampling in geoscience. Inst.Min. Metall.Trans. 80 (1971) B 346 - B 356

GROGAN,R.M.: Detection of fluorite in sands with zirconium-alizarin solution. Amer.Mineral. 36 (1951) 780-782

GUNDLACH,H.: New field test to distinguish limestone-dolomite. N.Jb.Geol.Paläont.,Mh. 10 (1964) 626-628

GUTZEIT,G.: Determination and localization of metallic minerals by the contact print method. A.I.M.M.E.Trans. 153(1943)286-299

HÄUSLER,H.: Eine Tüpfelreaktion zur Kennzeichnung von Gesteinsstrukturen. Geologie u.Bauwesen 18 (1950/51) 186-194

HAINES,M.: Two staining tests for brucite in marble. Miner.Mag. 36 (1968) 886-888

HAMBLIN,K.W.: Staining and etching techniques for studying obscure structures in clastic rocks. Jour.Sedim.Petrol. 32 (1962) 530-533

HAYES,J.R.,M.A.KLUGMAN: Feldspar staining methods. Jour.Sedim. Petrol. 29 (1959) 227-232

HEEGER,J.E.: Über die mikrochemische Untersuchung fein verteilter Carbonate im Gesteinsschliff. Cbl.Min.Geol.Pal. (1913)44-51

HENDERSON,J.H.et al.: Cristobalite and quartz isolation from soils and sediments by hydrofluosilicic acid treatment and heavy liquid separation. Soil Sci.America Proc. 36 (1972) 830-834

HENDRICKS,S.B.,L.T.ALEXANDER: A qualitative test for the montmorillonite type of clay minerals. Jour.Amer.Soc.Agronom.32(1940)

455-458

HERRMANN,A.G.: Die Phasenanalyse als Schnellverfahren zur Analyse von Salzgesteinen. Bergakademie 3 (1956) 201 ff.

HEUBEST,L.G.: The use of selective stains in paleontology. Jour. Paleont. 5 (1931) 355 - 364

HILL,W.E.,E.D.GOEBEL: Rate of solution of limestone using the chelating properties of versene (EDTA) compounds. Bull,Kansas Geol.Survey 165 (1963) Pt.7,15 pp.

HÖGBERG,E.: Staining method for examination of siliceous Cretaceous limestone. Geol.Fören.Förh.Stockholm 89(1967)423-431

HOROWITZ,D.H.: Iron oxide removal in thin section. Jour.Sedim. Petrol. 34 (1964) 198

HOSKING,K.G.F.: The identification -largely by staining techniques- of coloured mineral grains in composite samples. Camborne School of Mines Mag. 58 (1958) 5-14

HOSKING,K.G.F.: The identification -essentially by staining techniques- of white and near-white mineral grains in composite samples. Camborne School of Mines Mag. 37 (1957) 5-16

HOUGHTON,H.F.: Refined techniques for staining plagioclase and alkali feldspars in thin section. Jour.Sedim.Petrol. 50 (1980) 629-631

HOUNSLOW,A.W.: Modified gypsum/anhydrite stain. Jour.Sedim.Petrol. 50 (1980) 637-638

HÜGI,Th.: Gesteinsbildend wichtige Karbonate und deren Nachweis mittels Färbemethoden. Schweiz.Min.Petr.Mitt. 25(1945)114-140

HUMPHRIES,D.W.: A non-laminated miniature sample splitter. Jour. Sedim.Petrol. 31 (1961) 471-473

HUTCHISON,Ch.S.: Laboratory Handbook of Petrographic Techniques. (1974) New York: Wiley-Interscience

IRELAND,H.A.: Terminology for insoluble residues. Bull.Amer.Assoc.Petrol.Geologists 31 (1946) 1479-1490

IVES,W.: Evaluation of acid etching of limestone. Kansas Geol. Surv.Bull. 114 (1955) pt.1

JONES,M.P.,B.J.FULLARD: Mineral liberation by thermal decomposition of a carbonate rock. Trans.Inst.Min.Metall. 75(1966) C127

JONES,R.L.: Determination of opal in soil by alkali dissolution analysis. Soil Sci.America Proc. 33 (1969) 976-978

JØRGENSEN,S.St.: The application of alkali dissolution techniques in the study of Cretaceous flints. Chem.Geol.6(1970)153-163

54

JOY BEAR,J.: Technical note on the identification and removal of stain from zircon concentrates. Proc.Australasian Inst.Min.Met. No.256 (1975) 29-31

JURIK,P.: Quantitative insoluble residue procedures. Jour.Sedim. Petrol. 34 (1964) 666-668

KATZ,A.,G.M.FRIEDMAN: The preparation of stained acetate peels for the study of carbonate rocks. Jour.Sedim.Petrol. 35 (1965) 248-249

KEITH,M.L.: Selective staining to facilitate Rosiwal analysis. Amer.Mineral. 24 (1939) 561-565

KELLER,W.D.,G.E.MOORE: Staining drill-cuttings for calcite-dolomite differentiation. Bull.Amer.Assoc.Petrol.Geologists 21(1937) 949-951

KIELY,P.V.,M.L.JACKSON: Selective dissolution of micas from potassium feldspars by sodium pyrosulfate fusion of soils and sediments. Amer.Mineral. 49 (1964) 1648-1659

KIRCHBERG,H.: Die Bestimmung des Ankerites in Spateisenerzen. Berg-u.Hüttenmänn.Monatsh. 88 (1940) 73-77

KITTRICK,J.A.,E.W.HOPE: Organic dyes and strychnine-molybdate reagent as aids in isolating phosphate mineral grains. Amer.Mineral. 52 (1967) 263-272

KLEEMAN,A.W.: Sampling error in the chemical analysis of rocks. Jour.Geol.Soc.Australia 14 (1967) 43-47

KNAUER,E.: Geländemethoden zur Unterscheidung von Kalzit und Dolomit. Z.angew.Geol. 3 (1957) 35

KRAFT.G.: Chemische Verfahren für die Phasenanalyse von Erzen und Hüttenprodukten. Erzmetall 19 (1966) 614-619

LADURON,D.M.: A staining method for distinguishing paragonite from muscovite in thin section. Amer.Mineral. 56 (1971)1117-1119

LAMAR,J.E.: Acid-etching in the study of limestones and dolomites. Illinois State GeolSurv.Circ. 156 (1950) 47 pp.

LANIZ,R.V. et al.: Staining of plagioclase and other minerals with F.,D.,and C.Red No.2. U.S.Geol.Surv.Prof.Paper 501-B, 152 - 153

LEES,A.: Etching technique for use on thin sections of limestone. Jour.Sedim.Petrol. 28 (1958) 200-202

LEITH,C.J.: Removal of iron oxide coatings from mineral grains. Jour.Sedim.Petrol. 20 (1950) 174-176

LIEBER,W.: Leuchtende Kristalle. Wissenswertes über Fluoreszenz.

Vetter KG.,vorm.Ludwig Hormuth,Wiesloch/Baden

LLOYD,R.M.: A technique for separating clay minerals from lime-stones. Jour.Sedim.Petrol. 24 (1954) 218-220

LYONS,P.C.: Staining of feldspars on rock-slab surfaces for mod-al. analysis. Min.Mag. 38 (1971) 518-519

MANN,V.J.: A spot test for dolomitic limestones. Jour.Sedim.Pe-trol. 20 (1950) 116-117 und 25 (1955) 58-59

MANN,V.J.: A spot test for phosphorus in rocks. Jour.Sedim.Pe-trol. 20 (1950) 116-117

McALLISTER,R.F.: Rapid removal of marine salts from sediment samples. Jour.Sedim.Petrol. 28 (1958) 231-232

McCRONE,A.W.: Quick preparation of peel-prints for sedimentary petrography. Jour.Sedim.Petrol. 33 (1963) 228-230

McKINNEY,C.R.,L.T.SILVER: A joint-free splitter. Amer.Mineral. 41 (1956) 521-523

MEGNIEN,C.: Différentiation calcite-dolomite et anhydrite-gypse par coloration sélective sur échantillons macroscopiques. Geol. Soc.Franc.Bull. Ser.6, 7 (1957) 27-30

MIELENZ,R.C.,M.E.KING: Identification of clay minerals by stai-ning tests. Amer.Soc.Test.Mater.Proc. 51 (1951) 1-21

MORRIS,R.C.,W.E.EWING: A simple streak-print technique for map-ping mineral distributions in ores and other rocks. Econ.Geol. 73 (1978) 562-566

MULLER,L.D.: Laboratory methods of mineral separation. In: J. ZUSSMAN(edit.): Physical methods in determinative mineralogy. 1-30 (1967).Oxford: Academic Press

MÜLLER,G.: Methoden der Sedimentuntersuchung. (1964) 303 S., Stuttgart: E.Schweizerbart'sche Verlagsbuchhandlung

NEAL,W.J.: Diagenesis and dolomitization of a limestone (Penn-sylvanian of Missouri) as revealed by staining. Jour.Sedim.Pe-trol. 39 (1969) 1040-1045

NEUERBURG,G.: A method of mineral separation using hydrofluoric acid. Amer.Mineral. 46 (1961) 1498-1503

NOLDS,J.L.,K.P.ERICKSON: Changes in K-feldspar staining methods and adaptions for field use. Amer.Mineral.,52 (1967)1575-1576

NORMAN,M.B.: Improved techniques for selective staining of feld-spar and other minerals using amaranth. U.S.Geol.Surv.,Jour.Res. 2 (1974) 73-79

OAKS,M.C.: A field test for phosphate. Econ.Geol. 33(1938) 454

OSTROM.M.E.: Separation of clay minerals from carbonate rocks using acid. Jour.Sedim.Petrol. 31 (1961) 123-129

PAGE,J.B.: Unreliability of the benzidine color reaction as a test for montmorillonite. Soil Science 51 (1941) 133-140

PANOU,G.: Considérations sur quelques tests de coloration de surface. Bull.Soc.Belge Geol. 80 (1971) 165-171

PANTIN,H.M.: Dye-staining technique for examination of sedimentary microstructures in cores. Jour.Sedim.Petrol. 30(1960)314 - 316

POLLARD,T.A.,P.M.REICHERTZ: Core analysis practices. Basic methods and new developments. Bull.Amer.Assoc.Petrol.Geologists 36 (1952) 230-235

PRICE,I.: Acetate peel techniques applied to cherts. Jour.Sedim. Petrol. 45 (1975) 215-216

PRYOR,E.J.: Mineral Processing. 3rd edition (1965). Chapt.21: Sampling and controls. 634-656. London: Elsevier Publ.Co.

QUINN,A.: A petrographic use of fluorescence. Amer.Mineral. 20 (1935) 466-468

RAMSDEN,R.M.: A color test for distinguishing limestone and dolomite. Jour.Sedim.Petrol. 24 (1954) 282

RAY,S. et al.: The separation of clay minerals from carbonate rocks. Amer.Mineral. 42 (1957) 681-686

REEDER,S.W.,A.L.McALLISTER: A staining method for the quantitative determination of feldspars in rocks and sands from soils. Canadian J.Soil.Sci. 37 (1957) 57 - 59

REID,W.P.: Mineral staining tests. Bull.Colorado School of Mines Mineral.Industr. 12 (1969) 1 - 20

RODGERS,J.: Distinction between calcite and dolomite on polished surfaces. Amer.Jour.Sci. 238 (1940) 788 - 798

ROSENBLUM,S.: Improved techniques for staining potash feldspars. Amer.Mineral. 41 (1956) 662-664

ROWLAND,E.O.: A simple sample divider. Min.Mag. 33 (1963) 524

SANDER,B.: Einführung in die Gefügekunde geologischer Körper. 1.Teil:Allgemeine Gefügekunde im Bereich Handstück bis Profil. (1948) Wien: Springer-Verlag

SCHNITZER,W.A.: Eine anwendbare Methode annähernd quantitativer Dolomitbestimmung in Weißjurakalken mittels Tüpfelreaktion. Geol.Blätt.Nordost-Bayern u.angr.Geb. 8 (1958) H.2, 71-76

SCHNITZER,W.A.: Bromophenol Blue for distinguishing between

limestone and dolomite. Zement-Kalk-Gips 20 (1967) 31 - 32

SCHOLL,D.W.: Techniques for removing interstitial water from coarse-grained sediments for chemical analysis. Sedimentology 2 (1963) 156 - 163

SCHUBERT,H.: Aufbereitung fester mineralischer Rohstoffe.Bd.I : Begriffsinhalt. S.13-29 (1968) Leipzig:VEB Dtsch.Verl.f.Grundstoffindustrie

SCHWARZ,F.: Anfärbereaktionen. Aufschluß 8 (1957) H.1, 6-9

SHAND,S.J.: On the staining of feldspathoids and on zonal structure in nepheline. Amer.Mineral. 24 (1939) 508 - 513

SKOLNICK,H.: An inexpensive sample splitter. Jour.Sedim.Petrol. 29 (1959) 116-117

SMITH,E.S.C.,W.H.PARSONS: Studies in mineral fluorescence. Amer.Mineralogist 23 (1938) 513 - 521

SMITHERINGALE,W.V.: Notes on etching tests and X-ray examination of some manganese minerals. Econ.Geol. 24 (1929) 481 - 505

SMITHSON,S.B.: A point-counter for modal analysis of stained rock slabs. Amer.Mineral. 48 (1963) 1164-1166

SOMMER,Sh.: Effect of staining on microprobe determination of iron in carbonates. Jour.Sedim.Petrol. 45 (1975) 541-542

STEIDTMANN,E.: Origin of dolomite as disclosed by stains and other methods. Geol.Soc.America Bull. 28 (1917) 431-450

STIMPSON,P. et al.: A new field technique for sealing and packing rock and soil samples. Quart.Journ.Engl.Geol. 3(1970)127-133

SYERS,J.K. et al.: Quartz isolation from rocks,sediments and soils for determination of oxygen isotopic composition. Geochim. Cosmochim.Acta 32 (1968) 1022-1025

THIERS,R.E.: Separation, concentration and contamination. Chapt. 24 in: Trace analysis by YOE,J.K.and H.J.ROCK. (1957) New York: John Wiley & Sons

VANDERWILT,J.W.: A review of fluorescence as applied to minerals with special reference to scheelite. Mining Technology 10(1946) T.P.1967, 14 pp.

WAHLER,W.: Mechanische und chemische Aufbereitung von Mineralen und Gesteinen für geochemische Spurenanalysen. N.Jb.Miner.,Abh. 101 (1964) 109-126

WARNE,S.: A quick field or laboratory staining scheme for the differentiation of the major carbonate minerals. Jour.Sedim.Petrol. 32 (1962) 29-38

WILSON,M.D.,S.S.SEDEORA: An improved thin section stain for potash feldspar. Jour.Sedim.Petrol. 48 (1978) 637-638

WOLF,K.H.,S.WARNE: Remarks on the application of Friedman's staining methods. Jour.Sedim.Petrol. 30 (1960) 496-497

WORALL,W.: Adsorption von basischen Farbstoffen durch Tone. Trans.Brit.Ceram.Soc. 57 (1958) 210 - 217

YAGODA,H.: The localization of uranium and thorium minerals in polished section. Amer.Mineral. 31 (1946) 88-124

YAGODA,H.: The localization of copper and silver sulfide minerals in polished sections by the potassium cyanide etch pattern. Amer.Mineral. 30 (1945) 51 - 64

2 Zerkleinerung

2.1 Allgemeines zur Zerkleinerung

Die meisten Paragenesen bestehen aufgrund ihrer besonderen Bildungsbedingungen aus teilweise sehr innig miteinander v e r - w a c h s e n e n Mineralen. Zur Gewinnung der einzelnen Mineralsorten müssen diese Verwachsungen zerstört, d.h., die Minerale müssen "f r e i g e l e g t" oder "a u f g e s c h l o s s e n" werden. Diese Freilegung kann nur in speziellen Fällen unter Erhaltung der Kornformen und Korngrößenverteilung erfolgen; meistens muß der ursprüngliche Kornverband zerstört werden.

V o r einer Zerkleinerung ist folgendes zu beachten bzw. zu bedenken:

Verschaffen Sie sich -am besten aus einem Dünn-oder Anschliff- eine Vorstellung über den Verwachsungsgrad ! Wie weit muß die Paragenese zerkleinert werden, damit der größte Teil der interessierenden Mineralkörner g e r a d e freigelegt wird ? Ist sie sehr fest oder mürbe, zäh oder weich ? Wie werden sich die einzelnen Minerale verhalten (Sprödigkeit, Härte, Spaltbarkeit) ? Welche Probenmenge wird benötigt und welches Zerkleinerungs-Gerät oder -Verfahren ist für d i e s e Menge o p t i m a l ? ("Optimal" bezieht sich auf Vermeidung von Substanzverlusten, Verunreinigungen, unnötigen Feinstanteilen und auf die Erzielung einer zur Untersuchung ausreichenden Korngröße .)

Es gibt Verwachsungsarten (Beispiel: Ausscheidung von feinstem Ilmenit in Magnetit), die wegen der zur Freilegung erforderlichen sehr weitgehenden Zerkleinerung eine so feinteilige Probe ergeben würden, daß diese mit den üblichen Verfahren n i c h t m e h r

getrennt werden könnte. In solchen Fällen hätte eine Zerkleinerung
und Aufbereitung keinen Sinn,und es müßte überlegt werden, ob selektive chemische Auflösung (wie sie etwa bei der Isolierung fein-
ster Einschlüsse in Stählen gehandhabt wird) oder eine Analyse der
einzelnen Gemengteile mit der Mikrosonde oder der energiedispersi-
ven Analyse an An- oder An-Dünn-Schliffen weiterhelfen könnte.

Da die Zerkleinerung nicht Selbstzweck ist, sondern nur der vor-
bereitende Schritt zur Mineraltrennung, ist es nützlich, bereits
jetzt, also noch vor der Zerkleinerung, zu überlegen, w e l c h e
Korngrößenbereiche für die einzelnen Trennverfahren überhaupt in
Frage kommen und nicht über- oder unterschritten werden dürfen.
Darüber gibt die folgende Tabelle 6 Aufschluß.

Tabelle 6 : Kennzeichnende Korngrößenbereiche für die Anwendbarkeit
von Mineraltrennungsverfahren im Labor

Trennverfahren	Kleinste	Größte
	im Labor noch	gewinnbare Korngröße
Auslesen unter dem Binokular	63 μm	einige mm
Ausschlämmen	5 μm	200 μm
"Waschen"	63 μm	einige mm
Schüttelherd, "Panner"	63 μm	einige mm
Schwerflüssigkeits-Trennung	10 μm	einige mm
Magnetscheidung	63 μm	etwa 1 mm
Flotation	20 μm	360 μm

Da bei den meisten Trennverfahren die kleinste noch gewinnbare
Korngröße schon im Bereich von 50 bis 100 μm liegt, sind Paragenesen mit Korngrößen u n t e r 63 μm (einer in Mitteleuropa viel
benützten Siebmaschenweite) in den meisten Fällen nicht mehr trennbar. Nur, wenn sich der abzutrennende Gemengteil in einer für das
Trennverfahren kennzeichnenden Eigenschaft, z.B. Farbe, Dichte,
magnetische Suszeptibilität, Flotierbarkeit w e s e n t l i c h
von allen anderen Gemengteilen unterscheidet, kann auch bei so
feinkörnigen Paragenesen noch eine befriedigende Trennung möglich
sein und ist eine -in diesem Fall besonders schonende- Zerkleinerung sinnvoll.

2.2 Zerlegung von Verwachsungen unter Erhaltung der ursprünglichen
    Kornformen und/oder Korngrößenverteilung

Die in der Überschrift erwähnte Zerlegung ist nur bei sehr wenigen Gesteinsarten, z.B. stark tonig-siltigen Sedimentgesteinen

oder schwach metamorphen Schiefertonen möglich. Ihre Anwendbarkeit
muß empirisch geprüft werden. Vor allem zur Gewinnung von Mikrofossilien wurden in den Laboratorien der Erdölindustrie die beiden im
folgenden besprochenen Verfahren entwickelt.

2.2.1 Dispergierung mit Wasserstoffperoxid

Der Kornverband wird durch S a u e r s t o f f gesprengt, der
kurzfristig bei der katalytischen Zersetzung von Wasserstoffperoxid (H_2O_2) frei wird.

Anleitung: Geben Sie das gut trockene, auf 3 bis 6 mm vorzer-
kleinerte Gestein in eine Aluminiumschüssel. Übergießen Sie es unter einem Abzug v o r s i c h t i g (Schutzbrille tragen!) so
mit Wasserstoffperoxid-Lösung, daß es gerade mit Flüssigkeit bedeckt ist. Zu diesem Zweck wird nicht das teure "Perhydrol zur Analyse" verwendet, sondern das wesentlich billigere,stabilisierte,
mit Wasser verdünnte 30 %ige Wasserstoffperoxid. Erhitzen Sie die
Probe auf einem Asbestdrahtnetz,oder geben Sie ihr einige Millili-
ter Kalilauge zu, wenn nach 10 Minuten noch keine Reaktion einge-
treten ist. Vorsicht: Es kann stürmisches Sieden eintreten und
die Masse kann überlaufen ! Da Wasserstoffperoxid auf der Haut
j u c k t (rasch abwaschen) und sie weiß färbt, tragen Sie am besten Gummihandschuhe.

Sieben Sie den Gesteinsbrei n a ß durch ein 63 μm -Sieb. Wenn
es nicht auf die Tonminerale ankommt, die durch Wasserstoffperoxid
nicht verändert werden, sondern auf die Mikrofossilien: Überbrau-
sen Sie den Brei auf dem Sieb so lange mit einer Schlauchbrause,bis
kein Ton mehr abgespült wird.

2.2.2 Natriumsulfat-Methode

Diese Methode ist auf alle Gesteine anwendbar, die infolge einer -oft nur geringen- P o r o s i t ä t durch wässerige Lösungen wenigstens 1 bis 2 mm tief d u r c h f e u c h t b a r sind.
Beim Abkühlen einer Lösung von Na_2SO_4 unterhalb von $32.8^{\circ}C$ kri-
stallisiert unter starker V o l u m e n z u n a h m e in den Poren Mirabilit, $Na_2SO_4 \cdot 10\ H_2O$, aus, wodurch das Gesteinsgefüge allmählich gelockert wird. Voraussetzung für die Anwendung dieser Methode ist, daß bei der weiteren Untersuchung des Gesteines bzw.
seiner Gemengteile Natrium- oder Sulfat-Ionen, die eventuell ein-
getauscht werden, n i c h t s t ö r e n . Die Natriumsulfat-Lösung reagiert n e u t r a l und ist nicht korrosiv.

Anleitung: Stellen Sie eine etwa dem vierfachen Volumen der Gesteinsprobe entsprechende Menge an 10 %iger Natriumsulfat-Lösung her. ("Technisches" oder "reines" Natriumsulfat genügt vollauf.) Erwärmen Sie das zu zerlegende Gesteinsstück im Trockenschrank auf $100^\circ C$, und tauchen Sie es dann in einem Becherglas in der Natriumsulfat-Lösung unter. Lassen Sie das Stück 2 bis 3 Stunden in der Lösung liegen, und stellen Sie es danach in einem a n d e r e n Becherglas und o h n e Lösung in einen auf $100^\circ C$ aufgeheizten Trockenschrank. Wiederholen Sie die Tränkung mit Na_2SO_4-Lösung und das Erhitzen so lange, bis genügend viel Gestein abgesprengt worden ist. Benützen Sie dabei immer d i e s e l b e n Gefäße ! Dekantieren oder filtrieren Sie die Na_2SO_4-Lösung ab, spülen Sie den Rückstand, d.h., das zerfallene Gestein auf einen Filter oder in eine flache Schale und waschen Sie sehr gründlich aus. Trocknen Sie zuletzt den Rückstand im Exsikkator.

Bei den meisten Magmatiten und Metamorphiten sind m e h r als 50 Tränkungen erforderlich, um eine einigermaßen befriedigende Zerkleinerung zu erreichen. An Stelle dieser Methode kann, wenn ein Gefrier-oder Klimaschrank verfügbar ist, oder mit Na_2SO_4 eine Reaktion zu befürchten ist, auch eine Zerkleinerung durch vielfach wiederholten F r o s t - T a u - Wechsel versucht bzw. praktiziert werden.

2.3. Zerlegung von Verwachsungen unter weitgehender Zerstörung der ursprünglichen Kornformen und Korngrößenverteilung

2.3.1 Backenbrecher

Die meisten Magmatite, Metamorphite, Anatexite, Erze und auch viele Sedimentgesteine lassen sich durch die bisher genannten Verfahren nicht befriedigend oder nur sehr langwierig und umständlich zerkleinern; sie müssen durch D r u c k oder S c h l a g zertrümmert werden. Dazu verwendet man sehr oft und bei kg-Mengen auf jeden Fall einen B a c k e n b r e c h e r . Bei diesem Gerät wird eine bewegliche Stahlplatte von einem Motor periodisch gegen eine feststehende Stahlplatte geführt bzw. ein keilförmiger, unten offener Spalt v e r e n g t sich periodisch. Ein in diesem Spalt steckender Gesteinsbrocken wird somit periodisch gedrückt, wodurch er zerbricht. Im Spalt nach unten rutschende Bruchstücke werden ebenfalls gedrückt und zertrümmert.

Die Spaltweite läßt sich v e r s t e l l e n . Es ist aber nicht möglich, beliebig große Gesteinsbrocken zu zertrümmern. Ist

ein Brocken zu groß, so reicht die Druckwirkung nicht zu seiner
Zertrümmerung aus: Er bleibt im Spalt stecken und blockiert jede
weitere Bewegung der an sich beweglichen Stahlplatte. Zerkleinern
Sie deshalb große Gesteinsbrocken durch Zerschlagen mit einem
schweren H a m m e r , z.B. in der Vertiefung eines großen Holz-
klotzes, mindestens auf W a l n u ß g r ö ß e , b e v o r Sie
diese in den Backenbrecher geben !

Der Spalt darf auch keinesfalls völlig mit bereits zerkleinertem Material ausgefüllt sein, weil die Bewegung sonst ebenfalls
blockiert wird. Zertrümmertes Material enthält im allgemeinen noch
größere scherbenförmige Stücke, so daß es noch mehrmals durch den
Spalt wandern muß, damit auch diese zerdrückt werden.

Sowohl die Korngrößenverteilung des zertrümmerten Gesteines als
auch der Durchmesser seiner größten Körner hängen von der Spaltweite ab. Um die stets unerwünschte unnötige Zerkleinerung zu vermeiden, ist es notwendig, n a c h   j e d e m Zerkleinerungsvorgang
das Material auf einem g e e i g n e t e n Sieb a b z u s i e -
b e n . W e l c h e s Sieb geeignet ist, hängt ab vom Zerkleine-
rungsverhalten des betreffenden Gesteines und von der gewünschten
Kornfraktion für die Aufbereitung.

Backenbrecher haben leider sehr viele Ecken und Winkel. Aus diesem Grund geht einerseits trotz aller Sorgfalt immer etwas Material v e r l o r e n und ist andererseits eine gründliche R e i -
n i g u n g   n a c h   j e d e r Probe u n e r l ä ß l i c h .
Anleitung für die Bedienung des Backenbrechers:

Überzeugen Sie sich davon -am besten durch Hineinleuchten mit
einer Taschenlampe-, daß der Backenbrecher tadellos sauber ist,daß
seine Stahlplatten nicht durch Schmierfett verunreinigt sind und
daß auch das Äußere des Gerätes und seine Umgebung staubfrei sind.
Reinigen Sie erforderlichenfalls das Gerät und seine Umgebung.

Geben Sie die vorbereiteten nußgroßen Gesteinsbrocken in eine
Plastikschüssel,und schieben Sie das Auffanggefäß (das zweckmäßigerweise aus Kunststoff besteht) in den Backenbrecher ein. Setzen
Sie die Schutzbrille auf,und ziehen Sie feste Arbeitshandschuhe an.
Schalten Sie mit dem Druckschalter das Gerät ein. Werfen Sie mit
der einen Hand e i n e n Brocken in das Brechermaul,und schlies-
sen Sie dieses sofort mit der anderen Hand mit dem beweglichen Dek-
kel oder mit einer mit Griff versehenen Platte. Herausspringende
Stücke gefährden vor allem die Augen; im übrigen werden heraus-

springende Stücke verworfen. Warten Sie die völlige Zerkleinerung
des Brockens ab. Zerkleinern Sie nach und nach die anderen Brocken
und geben Sie nur soviel Material in den Backenbrecher, daß das
Auffanggefäß höchstens halb voll ist. Schalten Sie dann das Gerät
ab.

Geben Sie den Inhalt des Auffanggefäßes nach und nach -nicht
auf einmal!- auf das ausgewählte Sieb und sieben Sie in eine große Plastikschüssel, am besten direkt unter einer wirksamen Absaugvorrichtung. Es ist dabei nicht notwendig, ganz gründlich auszu-
sieben. Leeren Sie den Siebrückstand am besten auf eine etwas dik-
kere, flexible Plastikfolie. Schieben Sie das Auffanggefäß wieder
ein,und schalten Sie das Gerät wieder ein. Lassen Sie aus der
s c h r ä g gehaltenen Plastikfolie den Siebrückstand z ü g i g
in das Brechermaul gleiten und zwar so, daß der Brecher die einge-
schüttete Menge g e r a d e   n o c h verarbeiten kann. Wiederholen Sie das Aussieben und Brechen so lange, bis die g e s a m -
t e Probemenge auf die gewünschte Korngröße zerkleinert ist.

Erfahrungsgemäß bleiben allerdings meist noch einige grobe Körner übrig. Diese m ü s s e n , eventuell mit einem anderen Zerkleinerungsgerät ebenfalls zerkleinert und z u r P r o b e gegeben werden; sie dürfen auf keinen Fall entfernt oder weggelassen
werden. Begründung: Häufig reichern sich in solchen Körnern besonders schwer zu zerkleinernde Minerale oder Paragenesen an, deren
Entfernung bzw. Nichtberücksichtigung die Probe grob v e r f ä l -
s c h e n würde.

Mischen Sie j e t z t das auf eine gewisse maximale Korngröße
zerkleinerte Material gut durch, breiten Sie es auf einer geeigneten, sauberen Unterlage aus und ziehen Sie durch mehrmaliges sorgfältiges "Vierteln" eine D u r c h s c h n i t t s p r o b e für
eine eventuell erforderliche Voll- A n a l y s e ! Begründung: Infolge des unterschiedlichen Zerkleinerungsverhaltens und der unterschiedlichen primären Korngrößen der einzelnen Mineralarten besitzen die verschiedenen Kornfraktionen praktisch i m m e r einen
u n t e r s c h i e d l i c h e n , oft sehr stark voneinander abweichenden Mineral-und Stoffbestand. Eine Analysenprobe, die nach
dem Zerlegen des zerkleinerten Materiales in Kornfraktionen aus
einer dieser Kornfraktionen gewonnen wurde, ist unter keinen Umständen mehr repräsentativ für die Gesamtheit des zerkleinerten
Materiales !

Teilen Sie sich die Arbeit so ein, daß an das Brechen unmittelbar das Zerlegen in Siebfraktionen und das Aussieben oder Ausschlämmen eines großen Teiles der "Feinstanteile" erfolgen kann.
Schalten Sie die Absaugvorrichtung ein, und reinigen Sie den Backenbrecher zunächst mit Handfeger und Pinsel und erst zuletzt durch
Aus-und Abblasen mit D r u c k l u f t von allen Resten der zerkleinerten Probe und von Staub.

Sollte der Brecher einmal durch einen zu großen Brocken oder zu
starke Füllung des Spaltes blockiert sein, so schalten Sie das Gerät sofort aus, und nehmen Sie das Auffanggefäß heraus. Lösen Sie
die feststehende Brecherplatte durch Drehen des Einstellknebels.

In den meisten Fällen hat jeder Benutzer eines Backenbrechers
wenigstens eine ungefähre Vorstellung über den Mineral-und Stoffbestand der zu zerkleinernden Proben. Enthalten diese Proben unterschiedliche Mengen eines zu bestimmenden bzw. vorrangig interessierenden Minerales oder Elementes, so ist folgendes Vorgehen zweckmäßig: B e g i n n e n Sie das Brechen mit denjenigen Proben, die
am w e n i g s t e n von dem interessierenden Mineral oder Element enthalten ! Begründung: Auf diese Weise kann auch bei nicht
ganz gründlicher Reinigung des Brechers nach den zuerst zerkleinerten Proben keine wesentliche Verfälschung der nachfolgenden Proben
stattfinden.

Meist ist den Benutzern des Backenbrechers (gleiches gilt für
alle anderen Aufbereitungsgeräte) auch b e k a n n t bzw. sollte
bekannt sein, w e l c h e Minerale oder Elemente, besonders
S p u r e n e l e m e n t e a n d e r e Benutzer im Labor oder
Institut besonders interessieren. Bei der Zerkleinerung und Aufbereitung einer Probe, die h o h e G e h a l t e an dem betreffenden Mineral oder Element aufweist, besteht immer die Gefahr, daß
Körner trotz aller Sorgfalt beim Reinigen der Geräte nicht entfernt
werden und dadurch in die Proben anderer Benutzer geraten, deren
Untersuchungen bzw. Ergebnisse dadurch arg verfälscht werden können. Nehmen Sie deshalb v o r der Zerkleinerung oder sonstigen
Vor-und Aufbereitung einer Probe, die einen ungewöhnlichen Mineral-
und Stoffbestand besitzt, stets R ü c k s p r a c h e mit denjenigen Gerätebenutzern, die durch Verunreinigungen aus einer solchen
Probe in Mitleidenschaft gezogen werden könnten ! Falls dies nicht
möglich ist: Benachrichtigen Sie wenigstens möglichst bald nachher
den oder die anderen Interessenten.

2.3.2 Pressen zum Zerdrücken von Proben

Probemengen unter 50 bis 100 g lohnen wegen der möglichen Verluste und vor allem der verhältnismäßig groben Verunreinigung durch Metallabrieb eine Zerkleinerung im Backenbrecher nicht. Sie können zwischen zwei gegeneinander bewegten Stempeln aus einem geeigneten festen und harten Material, z.B. Stahl oder Borcarbid, zerdrückt werden. Die Unterlage ist meist feststehend, die Bewegung des anderen Stempels kann hydraulisch (bei einer Druckpresse) oder von Hand (bei einer Spindelpresse) erfolgen. Wenn bei sehr festen oder zähen Proben große Drücke erforderlich sind, können abgedrückte Bruchstücke e x p l o s i o n s a r t i g aus der Presse geschleudert werden. Setzen Sie deshalb beim Zerdrücken von Proben, auch nur kleinen, stets eine Schutzbrille auf und stellen Sie vor die Presse einen ausreichend dimensionierten S c h u t z s c h i l d !

2.3.3 Diamantmörser

Der "Diamantmörser" besteht aus einem Stempel, der in einem Ring gleitet und mit diesem zusammen in einer festen, becherförmigen Unterlage steht. Alle Teile sind aus einem besonders zähen und nicht splitternden Stahl. Mit dem Diamantmörser müssen vor allem solche k l e i n e r e n Proben bzw. Probemengen zerkleinert werden, die anschließend in Achatmörsern verrieben werden sollen; in diese darf nur Material gegeben werden, das wesentlich kleiner als 1 mm ist. Bei richtiger Ausführung der Zerkleinerung ist die Verunreinigung durch Metallabrieb gering, läßt sich aber nicht völlig vermeiden.

<u>Anleitung</u>: Legen Sie die Probe (Korngröße maximal 15 mm) in den Ring auf die Unterlage. Führen Sie den Stempel ein. Stellen Sie den Diamantmörser auf eine feste, n i c h t   f e d e r n d e ,schlagunempfindliche Unterlage. Schlagen Sie mit einem Hammer einige Male mit ziemlicher Wucht auf den Stempel. Ziehen Sie den Stempel samt Ring aus der Unterlage heraus und leeren Sie das zerkleinerte Material in einen Behälter. Reinigen Sie alle Teile des Gerätes sorgfältig.

Zum Zerkleinern sehr kleiner Proben (z.B. einige Körner mit maximal 2 mm Durchmesser) dienen zwei aufeinander liegende und mit einem Gummiring umgebene bzw. verbundene ebene Stahlplatten von etwa 35 mm Durchmesser. Die Körner werden zwischen die Stahlplatten gelegt und diese auf eine feste,schlagunempfindliche Unterlage. Durch einige Hammerschläge auf die obere Stahlplatte werden die

Körner verlustlos zerkleinert.

2.4 Mahlen von Proben (Feinzerkleinerung)

In den meisten Fällen können Mineraltrennungen bereits mit den
bei der Zerkleinerung im Backenbrecher oder Diamantmörser und an-
schließender Siebung erhaltenen Kornfraktionen durchgeführt werden.
Bei einiger Erfahrung und Aufmerksamkeit ist es auch möglich, die
Zerkleinerung so durchzuführen, daß möglichst große Mengen der für
die jeweilige Trennmethode optimalen Kornfraktion erhalten werden.
Da die Körner nur durch relativ wenige Bruchvorgänge beansprucht
worden sind, ist ihre Verunreinigung mit Metallabrieb oder mit dem
Abrieb anderer Körner der Paragenese gering und manchmal sogar bei
anspruchsvolleren Untersuchungen zu vernachlässigen, wenn die Kornfraktionen entstaubt und von Feinstanteilen befreit wurden, denn
die Verunreinigungen sind überwiegend in den f e i n e n Fraktionen angereichert. Nur a u s n a h m s w e i s e , wenn etwa unge-
wöhnlich große Mengen der Kornfraktion 63/125 µm aus reichlich vor-
-handenen groben Fraktionen gewonnen werden sollen oder wenn sulfi-
dische Erze durch Flotation zu trennen sind, müssen gröbere Fraktionen ganz oder teilweise g e m a h l e n werden.

In sehr vielen Fällen ist jedoch das Mahlen bzw. eine Feinzer-
kleinerung unerläßlich zur Herstellung genügend großer Mengen h o -
m o g e n e r Teilproben, die zu Analysen nach chemischen oder
physikalischen Methoden benötigt werden. Die Reaktionsfähigkeit
beim Auflösen in Säuren oder Aufschlußschmelzen nimmt mit der spezifischen Oberfläche zu und diese wieder mit der Kornfeinheit.

2.4.1 Achatbecher und Achatmörser

Voraussetzung für die Zerkleinerung einer Probe in einem Gefäß
aus A c h a t , das heißt aus Q u a r z , ist, daß die Probe keine Minerale mit einer Ritzhärte über 7 enthält. Sollte das der
Fall sein, muß ein Gefäß aus Sinterkorund oder Wolframcarbid verwendet werden.

An sich ist eine Achatreibschale mehr zum Verreiben, also zum
Mischen, bestimmt als zum Zerreiben. Das zu zerreibende Material
muß unbedingt bereits auf eine Korngröße u n t e r 1 mm vorgebro-
chen sein ! Unter keinen Umständen dürfen in einer Achatreibschale
größere Körner mit einem Pistill unter Gewalt- (Schlag-)anwendung
zerdrückt oder zerrieben werden, weil dabei Stücke aus dem Achat
herausgeschlagen werden. Die zu verreibende oder zu zerreibende
Probe darf auch n i c h t   z u   g r o ß sein; 1 bis 2 g sind

i.a. das Maximum ! Man verarbeitet wesentlich rascher mehrere kleine Mengen als eine einzige zu große ! Achten Sie beim Gebrauch einer Achatreibschale stets darauf, daß das P i s t i l l nicht
vom Arbeitsplatz rollen oder f a l l e n kann !

Im exzentrisch bewegten Achatmahlbecher wird das Material vor
allem durch den sehr häufig wiederkehrenden A u f s c h l a g
der Mahlkugel(n) und weniger durch Reibung zerkleinert. Das Mahlen
in diesem Gerät ist keineswegs unproblematisch; in seinem Verlauf
können

- polymorphe Umwandlungen erfolgen (bekanntes Beispiel: Aus Calcit
  entsteht der dichtere Aragonit),
- zahlreiche kristalline Phasen irreversibel "amorphisisiert" bzw.
  röntgenamorph werden und dadurch im Röntgenbeugungsdiagramm
  nicht mehr nachweisbar sein, trotz ihres hohen Gehaltes im Aus-
  gangsmaterial,
- "tribochemische" oder "mechanochemische" Reaktionen zwischen allen anwesenden Feststoffen und auch Gasen stattfinden.

<u>Deshalb</u>: Mahlen Sie eine Probe nicht feiner und vor allem nicht
länger als es unbedingt notwendig ist ! Eine gewisse Schonung wird
durch Mahlen der Probe in Wasser erreicht. Bei wasserempfindlichen
Proben kann Cyclohexan oder Aceton (beide sind feuergefährlich !)
an Stelle von Wasser verwendet werden, doch muß dann auch unbedingt an Stelle des Plastikringes zwischen Becher und Deckel ein
L e d e r - Ring benutzt werden oder der Deckel mit einem Teflon-
band umwickelt sein.

Achat ist m i k r o p o r ö s und darf deshalb n i e m a l s
mit C h e m i k a l i e n - Lösungen in Berührung kommen, deren
Lösungsmittel verdunsten und deren Inhaltsstoffe oder Reaktionsprodukte die Poren des Achats füllen würden.

<u>Anleitung zur Benutzung der Achatbecher:</u>

Überzeugen Sie sich davon, daß der Mahlbecher und die Mahlku -
geln sauber und trocken sind ! Geben Sie nicht zuviel Mahlgut in
den Becher ! Wenn mehrere Becher gleichzeitig mit verschiedenen
Proben beschickt werden: Kennzeichnen Sie die Becher oder notieren
Sie sich, welche Probe in welchem Becher ist ! Legen Sie den Pla-
stikring ordentlich unter den Deckel ! Spannen Sie den Becher ohne
ihn zu verkanten und recht fest, aber n i c h t z u f e s t
ein ! Bei zu starkem Einspannen kann der Becher brechen: Kosten-

punkt etwa 400.- bis 800.- DM !

Beachten Sie, daß bei einem 3-Becher-Mahlwerk immer alle drei
Becher eingespannt werden müssen ! Überzeugen Sie sich davon, daß
die richtige Drehgeschwindigkeit eingestellt ist ! Decken Sie beim
3-Becher-Mahlwerk die Schutzhaube darüber und bei dem zweckmäßigerweise in einem sehr festen Holzkasten aufgestellten 1-Becher-Mahl-
werk den Holzdeckel, und schalten Sie ein ! Lassen Sie das Mahlwerk
etwa 3 Minuten laufen, schalten Sie dann noch einmal ab, und überzeugen Sie sich durch Anfassen davon, daß sich keine Einspannung
gelockert hat und daß kein Becher Mahlgut ausstreut. Schalten Sie
wieder ein, und notieren Sie die Uhrzeit ! Lassen Sie das Mahlwerk
nicht länger als nötig laufen ! "Analysenfeinheit" für Aufschlüsse
wird meist schon nach 30 Min., mit Sicherheit nach 60 Min. erreicht.

Schalten Sie aus, aber greifen Sie unter keinen Umständen nach
einem noch laufenden Mahlbecher ! Lösen Sie die Einspannvorrich-
tung ! Entleeren Sie den Mahlbecher durch Umdrehen über einer Porzellanschale ! Entfernen Sie anhaftendes Material mit einem Pinsel
oder Plastikschaber, jedoch n i c h t mit einem M e t a l l -
Spatel ! Füllen Sie die gemahlene Probe sofort in einen bereits be-
schrifteten, passenden Behälter !

Reinigen Sie den Mahlbecher, Deckel, Ring und die Kugeln stets
zuerst unter f l i e ß e n d e m Wasser ! Verwenden Sie auf keinen Fall irgendwelche Reinigungsmittel oder gar Säuren ! Falls sich
die Verschmutzungen nicht mit Wasser und Bürste entfernen lassen:
Trocknen Sie den Becher außen ab und geben Sie in ihn einige Gramm
Quarzsand und etwa 50 ml Wasser ! Spannen Sie den Becher ein und
lassen Sie das Mahlwerk etwa 10 Min. laufen ! Reinigen Sie den Becher dann noch einmal unter fließendem Wasser und spülen Sie zuletzt mit ionenfreiem Wasser aus und ab ! Trocknen Sie einen Achatbecher n i e m a l s im heißen T r o c k e n s c h r a n k !

2.4.2 Hartporzellan-Kugelmühle

Zweckmäßigerweise sollten z w e i Hartporzellan-Kugelmühlen
zur Verfügung stehen: Eine größere mit einem Leervolumen von 4.5
bis 5 Liter und eine kleinere mit einem Leervolumen von 1.2 bis 1.5
Liter. Beide sind mit der gleichen Art von Kugeln gefüllt, werden
nach dem Verstellen des Abstandes der Förderwalze mit derselben
Maschine betrieben und dienen zum Mahlen oder weiteren Zerkleinern
g r ö ß e r e r Substanzmengen (100 g bis etwa 2000 g). Das Mahl-

gut kann trocken o d e r naß gemahlen werden, es darf jedoch
keine Gemengteile mit einer Mohs'schen Ritzhärte über 7 enthalten.

Das Ergebnis der Zerkleinerung hängt von zahlreichen Parametern
ab:

- Von der Füllung. Man versteht darunter das Gesamtvolumen von
  Mahlkugeln + Mahlgut (+ Flüssigkeit, wenn naß gemahlen wird).
  Das optimale Verhältnis von Füllung/ Gesamtvolumen liegt bei etwa 40 und 55 % .
- Vom Füllungsgrad = Prozentualer Raumanteil, den die Kugelfüllung
  einschließlich ihrer Zwischenräume einnimmt.
- Von der Umdrehungsgeschwindigkeit (U/min).
- Von der Mahldauer.
- Von der Ausgangskorngröße und Festigkeit des Mahlgutes.
- Vom Mahlmedium (Luft, Wasser, organische Lösungsmittel, Lösungen
  mit als "Mahlhilfe" wirksamen oberflächenaktiven Stoffen).

Die W a h l   g e e i g n e t e r Parameter hängt davon ab,
w a s man durch das Mahlen erreichen möchte. Es gibt hier zwei
sehr unterschiedliche Ziele:

a) Aus einer noch   z u   g r o b e n Kornfraktion (Korn-∅
   z.B. über 360 µm) soll eine m ö g l i c h s t   g r o ß e
   Menge einer e t w a s   k l e i n e r e n , aber nicht zu
   kleinen Kornfraktion (meist 63 bis 125 µm) gewonnen werden,
   ohne daß sich zuviele Feinstanteile bilden. Bei dieser für
   die Gesteinsaufbereitung häufigsten Aufgabe wird oft noch angestrebt, daß noch vorhandene gröbere Verwachsungen zerlegt
   werden und daß, im Hinblick auf eine nachfolgende Trennung
   durch Flotation, möglichst viele f r i s c h e Bruchflächen erhalten werden. Hier empfiehlt sich folgendes:
   - Naßmahlung mit reichlich ionenfreiem Wasser
   - hohe Füllung und hoher Füllungsgrad
   - Gewichtsverhältnis Mahlkugeln/ Einwaage = 5
   - 40 U/min
   - Naßsiebung nach jeweils 15 bis 30 min Mahldauer.

b) Eine große Einwaage soll möglichst rasch und vollständig auf
   eine möglichst geringe Korngröße gebracht werden (bei der Gesteinsaufbereitung eigentlich nur für die Gewinnung von Proben für die Analyse interessant). In diesem Fall empfiehlt
   sich folgendes:

- Trockenmahlung
- Ausfüllung aller Hohlräume zwischen den Mahlkugeln mit Mahl-
    gut und Bedecken der Mahlkugelfüllung bei ruhender Mühle
    mit einer Mahlgutschicht, deren Höhe dem doppelten Durch-
    messer der Mahlkugeln entspricht
- nicht zu hohe Umdrehungszahl
- lange Mahldauer (bis über 8 Std.)
- häufige Kontrolle, ob das erzeugte Pulver nicht die Mahlku-
    geln verklebt bzw. an diese und an die Mühlenwandung an-
    backt.

Anleitung zur Benutzung der Hartporzellan-Kugelmühle

Stellen Sie Mühlengestell und Motor auf den F u ß b o d e n und
nicht auf einen Tisch, weil es während des Betriebes "wandern"
kann. Wählen Sie je nach der Probemenge das kleine oder große Mahlgefäß. Bei Trockenmahlung: Wiegen Sie das Mahlgut,und geben Sie es
in das Mahlgefäß; wiegen Sie die Mahlkugeln,und geben Sie sie auf
das Mahlgut ! Bei Naßmahlung: Geben Sie in das Mahlgefäß zuerst die
gewogeneFlüssigkeit, dann das gewogene Mahlgut und erst nach gründlichem Durchmischen die gewogenen Mahlkugeln. Legen Sie den schwar-
zen Gummiring gleichmäßig am Hals des Mahlgefäßes ein, setzen Sie
den Deckel sorgfältig in den Gummiring ein,und stecken Sie dann den
Spannbügel in seine Halterung. Legen Sie vor dem Spannen ein Stück
eines elastischen Materials (z.B. Kautschuk) unter die Spannschraube ! Ziehen Sie die Spannschraube fest, aber n i c h t z u fest
an ! Vermischen Sie den Inhalt des verschlossenen Mahlgefäßes durch
mehrmaliges Über-Kopf-Stellen und legen Sie es auf die Gleitrollen
des Mühlengestells ! Schalten Sie die Mühle ein,und erhöhen Sie ihre Geschwindigkeit bis zur gewünschten oder optimalen Umdrehungszahl. Beobachten Sie nach dem Einschalten die Mühle noch einige Minuten und bei längerem Lauf in regelmäßigen Abständen !

Schalten Sie zu gegebener Zeit die Mühle aus ! Stellen Sie in
eine ausreichend große P l a s t i k - Schüssel ein Plastik-Salat-
sieb und entleeren Sie in dieses den Inhalt des Mahlgefäßes. Bei
Trockenmahlung: Schütteln Sie das Salatsieb so, daß das gemahlene
Gut durch seine Öffnungen in die Plastikschüssel fällt. Bei Naßmahlung: Besprühen Sie das Salatsieb und seinen Inhalt so, daß das gemahlene Gut mit möglichst wenig Flüssigkeit in die Schüssel gewaschen wird und die Kugeln völlig abgespült werden. Sieben Sie das
gemahlene Gut trocken oder naß und wiegen Sie den Rückstand ! Über-

legen Sie, unter welchen Bedingungen der Rückstand weiter gemahlen werden soll !

Nach Abschluß des Mahlens stellen Sie das Salatsieb mit den darin befindlichen, weitgehend vom gemahlenen Gut befreiten Mahlkugeln in eine andere Plastikschale und damit unter fließendes Wasser. Spülen Sie die Kugeln gründlich durch Schwenken im Sieb und durch wiederholtes Heben und Senken des Siebes im Wasser ! Spülen Sie auch das Mahlgefäß gründlich aus ! Trocknen Sie die Kugeln nach dem Abtropfen im Salatsieb durch Ausbreiten auf einem sauberen Handtuch,und trocknen Sie auch das Mahlgefäß mit Deckel und Gummiring mit einem T u c h ! Das Mahlgefäß darf unter keinen Umständen in einem Trockenschrank getrocknet werden,und auch das Trocknen der Kugeln im Trockenschrank ist unnötig ! Überzeugen Sie sich bei längerem oder öfterem Mahlen, daß die Lager der Gleitrollen ausreichend gefettet sind und daß der Motor nicht heiß läuft ! Falls die Mahlkugeln und das Mahlgefäß durch einen fest haftenden Belag verunreinigt sind : Mahlen Sie groben Sand unter Zugabe von reichlich Wasser !

2.4.3 Multimix

Ausgesprochen blättchenförmige und faserige Minerale (Glimmer bzw. Asbeste, Kernit) lassen sich weder in Achatbechern noch in Kugelmühlen befriedigend zerkleinern. Für sie ist der "Multimix" (oder ein ähnliches Gerät) geeignet, bei dem in einem konischen, oben geschlossenen Gefäß ein Messerpaar sehr schnell rotiert. Die Messer nützen sich selbstverständlich ab und verunreinigen dadurch die Probe !

Anleitung zur Benützung des Multimix:

Geben Sie in das mit einem L i n k s g e w i n d e abschraubbare Gefäß nicht zuviel von dem zu zerkleinernden Material ! Schrauben Sie das Gefäß wieder fest und stecken Sie es so in seine Fassung, daß die angebrachten Führungsvorrichtungen passen !Schalten Sie stufenweise ein und bereits nach 1 bis 3 Minuten wieder a u s ! Das Gefäß erwärmt sich stark; Vorsicht beim Anfassen ! Wiederholen Sie den Zerkleinerungsvorgang bei Bedarf mehrfach !

2.4.4 Scheibenschwingmühle

Diese Mühle ist für die s e h r r a s c h e F e i n s t -Zerkleinerung von solchen Proben vorgesehen, die

a) Minerale mit einer Ritzhärte ü b e r 7 enthalten,

b) nicht durch Si, Al, Mg, Alkalien (also die Bestandteile der Hartporzellan-Kugelmühle) und nicht durch Fe, Mn, Cr, Ni (die Bestandteile eines Backenbrechers) verunreinigt werden dürfen,

c) und bei denen eine Verunreinigung mit W, Co und C nicht stört.

Das Gerät ist n u r zur Feinmahlung, nicht zur Gewinnung von Kornfraktionen geeignet, auch können jeweils nur einige Gramm zerkleinert werden. Infolge der besonders intensiven mechanischen Beanspruchung des Mahlgutes ist bei diesem Gerät mit dem verstärkten Auftreten von mechanochemischen Reaktionen, Modifikationsänderungen und Amorphisierung zu rechnen, und das Mahlgut erwärmt sich stark. Die Mahldauer darf deshalb nur s e h r   k u r z sein: 30 Sekunden bis höchstens 5 Minuten !

2.5 Fragen zur Zerkleinerung

13. Sie haben in einer Achatbechermühle ein Erz gemahlen, das Chalkopyrit und Molybdänit enthält und beobachten nun an ihren Wandungen einen festhaftenden, stellenweise metallisch glänzenden Belag. Wie befreien Sie den Achatbecher von diesem Belag ?

14. Bei welchen Arten von Paragenesen ist die Dispergierung mit Wasserstoffperoxid unzweckmäßig wegen dessen zu rascher katalytischer Zersetzung ? Wie könnten Sie solche Paragenesen auf andere Weise schonend zerkleinern ?

15. Wie würden Sie vorgehen, um den beim Zerkleinern von Quarz (Topas, Korund) in einem Diamantmörser bzw. in einem Backenbrecher auftretenden Abrieb bzw. die Verunreinigung des gemahlenen Gutes durch diesen Abrieb q u a n t i t a t i v zu bestimmen ?

16. Welche Veränderungen sind bei einer Probe eines korundführenden Marmors zu erwarten, den Sie mehrmals hintereinander in der Scheibenschwingmühle mahlen ?

17. Sie haben die Aufgabe, aus faustgroßen Spaltstücken durch Mahlen in der Hartporzellan-Kugelmühle ca. 2 kg eines Kalifeldspat-Mehles herzustellen, dessen Korngröße unter 2 μm liegen soll. Wie gehen Sie der Reihe nach vor ? Wie kontrollieren Sie die Mahlfeinheit Ihres Feldspatmehles ? Wodurch unterscheiden sich naß und trocken gemahlener Kalifeldspat ?

2.6 Literatur zur Zerkleinerung

BOULTON,J.F.,R.P.EARDLEY: The preparation of analysis samples of hard materials with a boron carbide morton. Analyst 92(1967) 271-272

HILTERMANN,H.: Anwendung der Mikropaläontologie in der Geologie, entwickelt durch die Erdölgeologie. S. 13 - 60 in: FREUND's Handbuch der Mikroskopie, Bd.II, Teil 3 (Mikroskopie in der Geologie sedimentärer Lagerstätten).-(1958) Frankfurt/M.: Umschau-Verlag

HUTCHISON,Ch.S.: Laboratory Handbook of Petrographic Techniques. 1974, New York: John Wiley & Sons

KOCH,O.G.,G.A.KOCH-DEDIC: Handbuch der Spurenanalyse. 2.Aufl., 3.Zerkleinerung, S. 178-183 . Berlin/Göttingen/Heidelberg: Springer-Verlag

LIN,I.J.,S.NADIV, D.M.J.GRODZIAN: Changes in the state of solids and mechanochemical reactions in prolonged comminution. Minerals Sci.Engng. 7 (1975) No.4, 314-336 (284 Literatur-Ang.)

MATTIAT,B.: Ein neuer Weg zur Aufbereitung diagenetisch verfestigter bituminöser Tone. Geol.Jb. 79 (1962) 883 - 898

MOSTON,R.P.,A.J.JOHNSON: Ultrasonic dispersion of samples of sedimentary deposits. U.S.Geol.Surv.,Prof.Paper 501-C (1964) 159 - 160

MULLER,L.D.: Laboratory methods of mineral separation, S.1 - 32 in: ZUSSMAN,J.(editor): Physical methods in determinative mineralogy. London/New York: Academic Press

MYERS,A.T.,W.H.WOOD: Ceramic milling in a paint mixer for preparation of multiple rock samples. Appl.Spectroscopy 14 (1960) 136 - 138

OKE,W.C.: An improved 'diamond mortar' . Am.Mineral. 36 (1951) 164 - 165

PATAT,F.,G.MEMPEL: Kinetik der Hartzerkleinerung.- 4.Zur Zerkleinerung in Kugelmühlen. Chem.-Ing.-Technik 37 (1965) 933 - 939 und 1146 - 1153

PRYOR,E.J.: Mineral Processing. 3rd edition,(1965) Chapt.3: Primary crushing,S.31-57, Chapt.4: Secondary crushing,S.58-71 . London: Elsevier Publ.Comp.

ROSENTHAL STEMAG: Stemag-Steatit, Rubalit, Stemalox: Mahlmedien, Mühlenauskleidungen für die Zerkleinerungs-,Misch-und Dispergiertechnik. 38 S. (1971) Werksgruppe I, Werk Holenbrunn

ROWLAND,E.O.: A simple rock-crusher. Miner.Mag. (1963) 432-433
SCHUBERT,H.: Aufbereitung fester mineralischer Rohstoffe. Bd.I:
Zerkleinerung, S. 48 - 169 (1968) Leipzig :VEB Deutscher Verlag
für Grundstoffindustrie
THIESSEN,P.A.,Kl.MEYER, G.HEINICKE: Grundlagen der Tribochemie.
(1967) 194 S., 157 Abb., 374 Literaturangaben. Berlin(DDR):Aka-
demie-Verlag

3 Siebung und Siebanalyse

Im Rahmen der Gesteinsaufbereitung haben Siebung und Siebanalyse folgende Bedeutung: Alle zur Trennung benützten Verfahren funktionieren nur dann einwandfrei und optimal, wenn die Minerale in
Form von e n g   b e g r e n z t e n   K o r n f r a k t i o -
n e n   vorliegen. Die Zerkleinerungsvorgänge müssen deshalb so ge-
leitet werden, daß aus der Probe möglichst große Anteile solcher
Fraktionen erhalten werden. Dies wird durch Siebanalyse überprüft.

3.1 Allgemeines zur Siebung

Sehr im Gegensatz zum Gebrauch der entsprechenden Begriffe in
der Mineralogie und Sedimentpetrographie versteht man in der Technik (und auch hier in diesem Buch) unter K l a s s i e r u n g
die Zerlegung eines Kornkollektivs in einzelne Korngrößenklassen
und unter S o r t i e r u n g   die Trennung in Mineralsorten oder
Mineralarten unabhängig von ihrer Korngröße. Die Aufteilung eines
Kornkollektivs in Kornklassen bzw. -fraktionen kann durch S i e -
b e n , S c h l ä m m e n , Zentrifugieren und, wenn auch äußerst
mühsam, durch Auslesen unter dem Mikroskop erfolgen.

Es gibt im Prinzip v i e r Arten, eine Siebung durchzuführen:
1) Das Sieb (mit einem Auffanggefäß und Deckel) wird mit der
   Hand bewegt: "Handsiebung".
2) In einer Siebmaschine bewegen sich mehrere übereinander ge-
   stellte Siebe (zuunterst wieder ein Auffanggefäß für den
   Durchgang durch das feinste Sieb; oben ein Deckel) in der
   Ebene der Siebböden: Plan-Prüfsiebmaschine •
3) In einer Siebmaschine bewegen sich die übereinander gestell-
   ten Siebe senkrecht zur Ebene der Siebböden und diese führen
   unter Umständen noch waagerechte Schwingungen aus: Wurf-
   Prüfsiebmaschine.
4) Durch die Siebe strömt Luft, die z.B. mittels einer rotieren-
   den Schlitzdüse zugeführt wird; das Siebgut wird durch Luft-

strömungen bewegt: Luftstrahlsieb.

In Bezug auf die Siebgütegrade für grobe und feine Körnungen, für das Verstopfen und die Beanspruchung der Siebböden, die Verteilung und den Abrieb des Siebgutes, die Zahl der erreichbaren Fraktionen und die Möglichkeit zur Analyse des Siebdurchganges zeigen die genannten Verfahren spezifische V o r - u n d   N a c h t e i l e , über die bei BATEL nachgelesen werden kann.

Das Sieben folgt   s t a t i s t i s c h e n   Gesetzen: Grob-und Feinkorn werden theoretisch erst nach unendlich langer Siebdauer vollständig getrennt.

3.1.1 Arten von Sieben

Körner   ü b e r   60 µm Durchmesser (ausnahmsweise auch schon über 20 µm) werden praktisch ausschließlich mit Hilfe von   S i e b e n   in Kornklassen aufgeteilt. Durch eine Fläche mit vielen gleichgroßen Öffnungen (Lochbleche oder Drahtgewebe) wird das Aufgabegut durch spezielle Relativbewegungen zwischen dem Gut und dem Siebboden pro Boden in 2 Teile geteilt: In Körner, die größer sind als die Loch- oder Maschenweite (Rückstand, Grobkorn) und solche, die kleiner sind (Durchgang, Feinkorn).

Die Korngröße, bei der dieser Trennschnitt liegt, ist   n u r   bei kugelförmigen Körnern ausschließlich durch die Loch-oder Maschenweite gegeben; bei allen anderen Kornformen hängt die Trennkorngröße auch von der Gestalt der Körner ab.

Erzeuger und Verbraucher von körnigen Stoffen mit Korngrößen zwischen etwa 50 µm und 125 mm müssen ständig zur Sicherung oder Prüfung der Qualität Siebanalysen durchführen. Aus diesem Grund sind die Analysensiebe   g e n o r m t : DIN 4188 und DIN 4187 . In anderen Ländern gelten wieder andere Normen; in der Tabelle 7 sind die gebräuchlichsten Korngrößenbezeichnungen einander gegenüber gestellt.

L o c h b l e c h e   werden für Korngrößen von 1 bis 125 mm benützt, wobei von 1 bis 3.55 mm nur Siebe mit   r u n d e n   Löchern genormt sind, von 4 bis 125 mm auch solche mit   q u a d r a t i s c h e n   Löchern. D r a h t s i e b b ö d e n -mit quadratischen Maschen- werden für Korngrößen von 0.02 bis 125 mm verwendet. Ihr Werkstoff besteht entweder von 0.02 bis 125 mm Maschenweite aus rostfreiem Stahl (Fe, Ni, Cr) oder, von 0.032 bis 0.2 mm aus Zinnbronze (Cu, Sn) oder, von 0.224 bis 2.5 mm, aus Messing

(Cu,Zn,Pb). Siebe aus N y l o n sind nur für wenige Korngrößen
erhältlich und n i c h t genormt. Der Siebrand besteht entweder
aus Messing oder Aluminium. Selbstverständlich unterliegen alle
diese Werkstoffe beim Sieben einer A b n u t z u n g und v e r -
u n r e i n i g e n das Siebgut. Bei Gesteinsaufbereitungen ist
deshalb v o r jeder Siebung wohl zu überlegen, w e l c h e s
Siebmaterial verwendet werden darf.

3.1.2 Einflüsse auf die Siebung

Der Trennvorgang beim Sieben wird durch folgende Parameter be-
einflußt:

   a) Arbeitsweise (Art der Relativbewegung)
   b) aufgegebene Menge
   c) Art der Körnung (Kornformen, Korngrößenverteilung)
   d) Maschenweite und Toleranzen in der Maschenweite
   e) Dauer der Siebung
   f) Fließ- und Rieseleigenschaften des Siebgutes
   g) Luftfeuchtigkeit und Feuchtigkeit des Siebgutes
   h) Trocken- oder Naßsiebung.

Ganz gleich, wie der Siebvorgang auch ausgeführt wird, verläuft
er niemals quantitativ, d.h., das Verhältnis der abgesiebten zur
vorhandenen Feinkornmenge ist immer kleiner als 1 . Der Absiebvor-
gang verschlechtert sich, unabhängig von der Bauart der Siebmaschine, mit abnehmender Korngröße; einmal, weil den Trennkräften größere Reibungs-oder Haftkräfte zwischen den Körnern entgegenwirken,
und zum anderen, weil die Siebkräfte abnehmen, vor allem wenn die
Schichtdicke auf dem Siebboden abnimmt.

Wenn die Siebfläche völlig vom Siebgut bedeckt ist, hängt die
in der Zeiteinheit abgesiebte Feinkornmenge im wesentlichen von
der Größe der auf das Sieb einwirkenden Kräfte ab. In der Zeiteinheit wird umso weniger Feinkorn abgesiebt, je größer der Grobkorn-
anteil im Siebgut ist, weil dieser die freien Sieböffnungen ver-
deckt. Das Feinkorn läßt sich umso schwerer, d.h., langsamer absie-
ben, je mehr sich seine Korngröße der Maschenweite nähert und je
mehr seine Kornform von der idealen Kugelform abweicht. Bei konstanter Schichtdicke auf dem Siebboden nimmt die pro Zeiteinheit
abgesiebte Feinkornmenge mit der Maschenweite ab.

Da die Siebdauer von der aufgegebenen Menge nicht linear abhängt, sondern eine Exponentialfunktion ist, ist es zweckmäßiger,
mehrmals kleinere Mengen als einmal eine zu große Menge aufzugeben.

Tabelle 7 : Vergleich gebräuchlicher, genormter Korngrößenmaße

B.R.Deutschland DIN 4188 (1969)		U.S.A. ASTM E11-70 (1970)	Tyler (1910)		England (1969)	
mm	Maschen/cm^2	mesh	Nr.	mm	mesh	mm
0.036	22500	400	400	0.038	400	0.038
0.045		325	325	0.043	350	0.045
		270	270	0.053	300	0.053
0.063	4900	230	250	0.061	240	0.063
		200	200	0.074	200	0.075
0.090	4900	170	170	0.089	170	0.090
		140	150	0.104	150	0.106
0.125		120	115	0.124	120	0.125
	1600	100	100	0.147	100	0.150
0.180		80	80	0.175	85	0.180
0.200	900	-	-	-	-	-
		70	65	0.208	72	0.212
0.250	576	60	60	0.246	60	0.250
	400	50	48	0.295	52	0.300
0.355		45	42	0.351	44	0.355
	196	40	35	0.417	36	0.425
0.500	144	35	32	0.495	30	0.500
	100	30	28	0.589	25	0.600
0.630		-	-	-	-	-
		25	24	0.701	22	0.710
0.750	64	-	-	-	-	-
		20	20	0.833	18	0.850
1.000		18	16	0.991	16	1.000
1.250		-	-	-	-	-
1.400		14	12	1.397	12	1.400
2.000		10	9	1.981	8	2.000
		8	8	2.362	7	2.360
		7	7	2.794	6	2.800
		6	6	3.327	5	3.350
4.000		5	5	3.962	-	-

Insgesamt darf aber für eine S i e b a n a l y s e die aufgegebene Menge nicht zu klein sein; sie sollte bei den feinen Prüfsieben
20 bis 60 g betragen, bei den gröberen 60 bis 150 g. Bei Siebungen
im Laufe einer Gesteinsaufbereitung muß sich selbstverständlich
die aufgegebene Menge nach der vorhandenen Probemenge richten; bei
sehr kleinen Mengen sind Siebe mit kleinerem Durchmesser zu empfehlen.

Aus praktischen Gründen muß die Siebdauer begrenzt und damit
zwangsläufig eine unvollständige Trennung in Kauf genommen werden.
Nun ist es aber nicht möglich, eine für alle Arten von Proben konstante Siebdauer für eine z.B. 97 %ige Trennung anzugeben, weil
die Siebdauer noch von meßtechnisch schlecht erfaßbaren Stoffeigen-
schaften wie Oberflächenrauhigkeit, Adsorptionsschichten, elektro-
statischer Aufladung sowie von der Feuchtigkeit der Probe abhängt.
Daraus ergibt sich als wichtige Arbeitsregel:

Jede H a n d s i e b u n g muß solange durchgeführt werden,
bis die pro Zeiteinheit noch erhaltene Feinkornmenge vernachläs-
sigt werden kann. Jede Maschinensiebung muß anschließend n o c h
durch eine Handsiebung überprüft und erforderlichenfalls vervoll-
ständigt werden.

Eine bei allen Siebungen immer wieder auftretende Schwierigkeit
ist das V e r k l e b e n und die Querschnittsverringerung der
Maschen. Ihr läßt sich nur dadurch abhelfen, daß man nach dem Ausleeren des Siebinhaltes den Siebboden sorgfältig und s e h r
v o r s i c h t i g mit einem kräftigen kurzhaarigen Pinsel von
oben und unten reinigt. Oft muß diese Arbeit in kurzen Zeitabständen wiederholt werden.

S a u b e r e s Arbeiten ist bei a l l e n Siebungen u n -
e r l ä ß l i c h e Voraussetzung, um brauchbare Ergebnisse zu
erhalten. Bei mehreren Siebvorgängen bzw. bei Verwendung von mehreren Sieben summieren sich auch kleine Verluste sehr rasch !

3.2 Durchführung von Siebungen

W i c h t i g bei allen Siebungen ist eine ausreichende V o r -
b e r e i t u n g : Die Siebe müssen innen und außen sauber sein;
sie müssen gut ineinander passen; der Arbeitsplatz muß absolut sauber sein, damit verschüttete Körner wieder verwendet werden können;
Auffanggefäße und Behälter für die Kornfraktionen müssen in genü-
gender Größe und Anzahl vorhanden sein; Pinsel und Löffel sollen
ebenso bereitliegen wie Schreibzeug und ein Notizblock oder das

später erwähnte Formblatt. Soweit nicht besondere Gründe dagegen
sprechen, soll das zu siebende Material frisch getrocknet sein
(eventuell im Trockenschrank). Die Siebe werden stets in der Reihenfolge abnehmender Maschenweite untereinander gestellt.

3.2.1 Anleitung zur Trockensiebung von Hand

Geben Sie eine zwischen 50 und 200 g betragende, gewogene Probemenge auf ein sauberes Sieb ($\emptyset$ = 20 cm), das dicht schließend auf
einem Siebuntersatz steht. Geben Sie den Deckel auf das Sieb, fassen Sie es mit beiden Händen und führen Sie waagerechte, kreisför-
mige Bewegungen aus ! Fassen Sie ab und zu mit deutlichem "Schlag"
das Sieb in einer um 90° gedrehten Lage . Leeren Sie den Inhalt des
Untersatzes, wenn die Siebung vollständig erscheint, möglichst verlustlos in eine geeignete Schale und ebenso den Rückstand, und bürsten Sie das Sieb über der Schale mit dem Rückstand ! Stellen Sie
den leeren Untersatz wieder unter das Sieb, geben Sie den Rückstand wieder auf das Sieb, und setzen Sie das Sieben so lange fort,
bis offensichtlich nichts mehr durch das Sieb geht. Bürsten Sie das
Sieb noch einmal, und drücken Sie die in den Maschen steckengeblie-
benen Körner mit Hilfe eines flachen, breiten H o l z s p a t e l s
v o r s i c h t i g in die Schale mit dem Rückstand ! Wiegen Sie
den Siebrückstand und auch den Siebdurchgang, sofern dieser nicht
noch weiter gesiebt werden muß. Tragen Sie die Auswaagen sofort in
das Formblatt oder auf dem Notizblock ein ! Reinigen Sie das be-
nützte Sieb gründlich innen und außen !

3.2.2 Anleitung zur Trockensiebung mit der Laborsiebmaschine

Die Maschine wird durch einen Schwingmagneten angetrieben, der
seine Impulse auf den Siebsatz überträgt, wodurch eine Auf-und Ab-
wärts-Bewegung erzielt wird. Durch eine spezielle Anordnung von
Blattfedern wird eine zusätzliche rotierende Bewegung des Siebgutes
in den Prüfsieben erreicht, wodurch die Trennung auch bei feinkörnigen Fraktionen wesentlich verbessert wird. Die Amplitude und damit die Siebleistung ist stufenlos regelbar. Durch eine Schaltuhr
können bestimmte Siebdauern eingestellt werden. Soll die Siebung
v o r Ablauf der eingestellten Zeit beendet werden, muß nur der
Anschlußstecker aus der Steckdose gezogen werden.

Auf den Untersatz können bis zu 5 Siebe (nicht mehr !) gestellt
werden. Wie alle Maschinen funktioniert auch diese nur einwandfrei,
wenn sie pfleglich und entsprechend der Gebrauchsanweisung benutzt

und regelmäßig gereinigt und geschmiert wird.

Stellen Sie die benötigten Siebe auf den Untersatz und überzeugen Sie sich davon, daß sie dicht und gut aufeinander passen ! Überzeugen Sie sich auch davon, daß der Deckel staubfrei ist und sich in den beiden seitlichen Führungen mühelos bewegen läßt. Reinigen Sie gegebenenfalls den Deckel und fetten Sie die Führungen ganz leicht ein . Setzen Sie den Deckel f e s t (mit Druck von oben) auf die Siebe und klemmen Sie ihn fest an die Führungen ! Stellen Sie den Regelknopf für die Amplitude auf seinen Anfangswert, schließen Sie das Gerät an und stellen Sie zunächst, solange mit dem betreffenden Material noch keine Erfahrungen vorliegen,nur eine k u r z e Siebdauer (etwa 2 Minuten) ein ! Drehen Sie erst dann den Amplitudenregler soweit nach rechts, bis der Eindruck besteht, daß das Gerät ausreichend, aber nicht unnötig stark schwingt.

Nehmen Sie nach Ablauf der Siebdauer den Deckel ab,und prüfen Sie bei den einzelnen Sieben, ob nach Augenschein die Siebung zufriedenstellend verläuft ! Ist das der Fall, setzen Sie den Deckel wieder fest auf,und stellen Sie die Schaltuhr auf eine längere Siebdauer -10 oder 20 min- ein. Nehmen Sie nach Ablauf der Siebdauer den Deckel vorsichtig ab (bei staubreichen Proben kann dabei anhaftender Staub auf das oberste Sieb fallen !). Nehmen Sie die Siebe zusammen mit dem Untersatz heraus,und stellen Sie sie auf den Arbeitstisch ! Überprüfen Sie bei jedem Sieb, beim gröbsten beginnend, durch l ä n g e r e Handsiebung, ob der Siebvorgang vollständig war und vervollständigen Sie ihn, falls es notwendig ist ! Bei staubfreien Proben: Entleeren Sie den Rückstand in eine geeignete Schüssel,und bürsten Sie den Siebboden von oben und von unten. Geben Sie dabei das abgebürstete Material zum Rückstand, nicht zum Siebdurchgang !

Reinigen Sie nach Beendigung der Siebung sowohl die Siebe als auch den Untersatz sowie den Deckel und die Führungen !

3.2.3 Anleitung zur Naßsiebung

Die Laborsiebmaschine kann auch für eine Naßsiebung benützt werden, wozu ein Deckel mit Brausekopf und eine Siebpfanne mit Wasserauslaufstutzen vorgesehen ist. Bei der Naßsiebung können zwei gegensätzliche Forderungen gestellt sein:

    a) Es interessieren nur g r o b e Körner oder Kornfraktionen,
       die von stark anhaftenden, ihrer Menge nach überwiegenden

feinen bis sehr feinen Körnern (häufig: Tonmineralen) über-
zogen sind,

b) es interessieren vor allem die feinsten, nicht mehr durch
eine Siebung gewinnbaren Kornanteile.

Fall a): Verteilen Sie eine nicht zu große Probenmenge auf dem
63 μm -Sieb ! Halten Sie das Sieb über einen Eimer (eine große Plastikschüssel, einen Filtrierstutzen), der in einem Brunnenausguß
steht und bebrausen Sie das Siebgut ohne zu spritzen mit einer an
einen Gummischlauch fest angeschlossenen B r a u s e . Geben Sie
der entstehenden Suspension durch Neigen des Siebes oder ganz vorsichtiges Streichen mit dem Finger über den Siebboden immer Gele-
genheit zum Ablaufen in das Auffanggefäß ! Bebrausen Sie das Siebgut so lange, bis das Waschwasser klar bleibt. Wiederholen Sie den
Vorgang, bis eine genügende Menge der groben Fraktion vorliegt.
Spülen Sie die grobe Fraktion (auch durch Brausen auf die Unterseite des umgekehrten Siebes) in ein geeignetes Auffanggefäß ! Dekantieren Sie das überstehende Wasser zur Vorsicht (zur Verhinderung
des Wegschwimmens von groben natürlich hydrophoben Mineralen !)
durch das schräg gehaltene Sieb ! Spülen Sie den groben Rückstand
auf ein Filter (z.B. in einer Filternutsche). Waschen Sie zuletzt
erforderlichenfalls (zum rascheren Trocknen) mit Aceton aus ! Reinigen Sie das Sieb, die benutzten Gefäße und vor allem auch den
Brunnenausguß !

Fall b): Es kann die Laborsiebmaschine benutzt werden, der von
oben Wasser zugeführt wird und bei der unten die Suspension abläuft. Da auch beim Naßsieben trotz mancher Schwierigkeiten meist
ein verlustloses Arbeiten angestrebt wird, muß es gut vorbereitet
und überdacht werden. Es ist zweckmäßig, keine zu großen Proben zu
verwenden, außerdem müssen alle Teile des Gerätes wirklich dicht
aufeinander passen, was am besten erst einmal o h n e Probe überprüft wird. B e v o r mit der Naßsiebung begonnen wird, müssen
a u s r e i c h e n d e Behälter für die Suspension mit den Fein-
anteilen b e r e i t s t e h e n ! Wichtig: Trocknen Sie bei einer Naßsiebung stets z u e r s t Ihre Hände gut ab, bevor Sie
das Gerät einschalten oder den Netzstecker ziehen !

Geben Sie die Probe auf das oberste Sieb, setzen Sie den Deckel
fest auf, und stellen Sie unter den Ablauf der Siebpfanne ein großes Plastik-Auffanggefäß ! Stellen Sie den Amplitudenregler auf
den optimalen Wert, schließen Sie das Gerät an, und schalten Sie zu-

nächst nur eine k u r z e Siebdauer ein und erst, wenn die Naßsiebung störungsfrei abläuft, eine längere. Regeln Sie ständig den
Wasserzulauf,und erneuern Sie gelegentlich das Auffanggefäß ! Ist
der Siebvorgang beendet bzw. bleibt das Waschwasser klar, so verarbeiten Sie die Siebrückstände wie bei Fall a) angegeben. Vereinigen Sie alle aufgefangenen Suspensionen ! Diese werden dann durch
Schlämmen oder Zentrifugieren weiter getrennt. Da dieses bei großen Flüssigkeitsmengen sehr mühsam und langwierig sein kann, wird
nach vorhergehendem Messen des Gesamtvolumens und gutem Durchmischen oft nur ein kleiner aliquoter Anteil entnommen und weiter
 verarbeitet,und der Rest wird nach dem Absetzen, Abfiltrieren und
Trocknen aufbewahrt.

Reinigen Sie alle benützten Geräte und den Arbeitsplatz s o -
f o r t nach Abschluß der Naßsiebung ! Eingetrockneter Ton läßt
sich viel schlechter entfernen !

3.2.4 Behandlung der Siebfraktionen

Durch Trockensiebung gewonnene Kornfraktionen müssen v o r jeder weiteren Verwendung,wie in Abschnitt 1.9 ausgeführt,von anhaftenden Feinstanteilen befreit werden.

Die Beschriftung von Siebfraktionen wird in der Weise durchgeführt, daß die g r ö ß e r e Kornscheide an e r s t e r Stelle
und die kleinere Kornscheide an zweiter Stelle geschrieben wird;
also z.B. 0.36/0.2 mm . Rückstände gibt man durch ein vorgesetztes Plus-Zeichen, Siebdurchgänge durch ein vorgesetztes Minus-Zei-
chen an, also z.B. + 63 μm bzw. - 63 μm . In Zahlentabellen beginnt man stets zuerst mit der g r ö b s t e n Körnung !

Wichtig: Gewöhnen Sie sich an, Siebfraktionen nur in Behältern
aufzubewahren, deren Fassungsvermögen gerade ihrer Menge entspricht ! Es ist grobe Verschwendung, einen Siebrückstand von 2 g
Gewicht in einer 250-ml-Plastikflasche aufzubewahren !

3.2.5 Behandlung und Reinigung der Prüfsiebe

Prüfsiebe sind M e ß g e r ä t e und müssen deshalb wie alle
Meßgeräte sehr sorgfältig behandelt werden. Ihre Drahtgewebe sind
außerordentlich empfindlich gegenüber rasch oder mit großer Kraft
bewegten scharfkantigen, spitzen oder auch nur harten Gegenstän-
den. Metallspatel, Schraubenzieher, Messer dürfen daher beim Sieben nicht verwendet werden. Selbst beim Bürsten eines Siebes, beim
Aufnehmen eines Rückstandes vom Sieb mit dem Hornlöffel, beim un-

vorsichtigen Anfassen eines feinen Siebes mit langen Fingernägeln kann das Siebgewebe beschädigt werden.

Kleine (bis etwa 1 cm lange) Risse in Sieben können mit 'UHU-PLUS' v o r ü b e r g e h e n d geschlossen werden; sobald es die Umstände erlauben, muß das Sieb ein neues Siebgewebe (das in großflächigen Stücken bzw. Rollen käuflich ist) erhalten. Grundsätzlich wird ein Prüfsieb durch eine Beschädigung als Meßgerät ungeeignet !

Bei kräftigem oder längerem Sieben setzen sich in den Maschen unvermeidlich vereinzelte Körner fest, die sich weder durch Klopfen auf den Siebrahmen noch durch Bürsten oder vorsichtiges Reiben mit den Fingern entfernen lassen. Da diese Körner beim nachfolgenden Sieben einer anderen Probe in diese geraten und zu großen Irrtümern und Verfälschungen Anlaß geben können, m ü s s e n sie unter allen Umständen sofort nach ihrem erstmaligen Auftreten e n t - f e r n t werden ! Das geschieht auf folgende Weise:

Über den Siebboden wird zunächst auf seiner Unterseite, später auch auf seiner Oberseite, ein etwa 2 cm breiter Hartholzspatel mit gerader, glatter, abgerundeter Kante in zueinander senkrechten Richtungen unter m ä ß i g e m Druck hin-und hergeführt. Dabei fallen bereits die meisten festsitzenden Körner heraus. Es ist zweckmäßig, dabei auch am Siebrahmen vorbei im Kreis zu fahren. Auf diese Weise nicht entfernbare, hartnäckig festsitzende Körner werden nun mit Hilfe einer etwa 13 cm langen geraden P i n z e t t e entfernt und zwar folgendermaßen:

Mit dem einen Schenkel der Pinzette, der vorne abgerundet sein muß, wird auf der Siebbodenunterseite vorsichtig, aber nicht allzu zaghaft so auf das festsitzende Korn gedrückt, daß es aus der Masche springt. Das Sieb wird dabei zur besseren Kontrolle des Vorganges gegen einen hellen Hintergrund gehalten. Bei einiger, rasch angeeigneter Übung und mit entsprechender Sorgfalt können so aus allen Sieben ü b e r 100 µm Maschenweite die Körner ohne Gefahr für das Sieb entfernt werden. Das 63 µm -Sieb darf allerdings <u>nicht</u> auf diese Weise gereinigt werden. Bei ihm genügt erfahrungsgemäß auch das hier besonders vorsichtig auszuführende Bestreichen mit dem Hartholzspatel. Bei zu starkem Andrücken des Hartholzspatels entstehen jedoch nicht mehr zu beseitigende, sehr störende B e u - l e n im Sieb.

Durch unsachgemäße Handhabung von Sieben werden manchmal die

Siebrahmen v e r b o g e n , so daß die Siebe nicht mehr bzw. nur
nach Gewaltanwendung aufeinander passen. Wenn dann versucht wird,
die fest aufeinander sitzenden Siebe mit einem Schraubenzieher auseinander zu wuchten, werden leicht von ihrem Messingrahmen feine
Spänchen abgelöst, die in das Siebgut fallen. Solche **M e s s i n g**-
Spänchen haben schon öfters große Verwirrung verursacht, weil sie
natürlichem G o l d äußerst ä h n l i c h sind. Zum Unterschied
von Gold lösen sie sich jedoch in Salpetersäure sofort auf.

Siebe müssen -und sei es auch nur kurzfristig- stets so aufbewahrt werden, daß keinerlei harte und scharfkantige Gegenstände in
sie fallen können oder unter sie zu liegen kommen. Am besten werden sie einzeln in Pappkartons aufbewahrt oder mit der Siebpfanne
und dem Siebdeckel verschlossen aufeinander gestellt.

3.3 Darstellung von Siebanalysen

In der Sedimentpetrographie dient die Siebanalyse zur Auffindung
einer Korngrößen-Häufigkeitsverteilung, aus der wichtige statistische Parameter, definierte Gesteinsbezeichnungen und Hinweise auf
das Bildungsmilieu und seine regionalen Veränderungen abgeleitet
werden können. In der Technik ist die Siebanalyse unentbehrlich zur
Beurteilung und Überwachung von Zerkleinerungsvorgängen in Brechern
und Mühlen sowie von Sieb-und Aufbereitungsanlagen. In der Gesteinsaufbereitung ist die Siebanalyse jedoch nur ein H i l f s -
mittel bei der Gewinnung trennbarer Kornfraktionen, weshalb sie
hier nur kurz behandelt wird.

Zweckmäßigerweise werden die Meßwerte sofort in ein Formblatt,
z.B. der im folgenden gezeigten Art eingetragen. Allerdings reichen
Zahlentabellen, so notwendig und nützlich sie sind, nicht aus, um
weitere Schlüsse zu ziehen; die Ergebnisse sollten a n s c h a u -
l i c h dargestellt werden. Von den vielen Vorschlägen hierzu sollen nur die in der Mineralogie gebräuchlichen hier behandelt werden.

Bei g r a p h i s c h e n Darstellungen der Siebanalyse wird
auf der Abszisse die Korngröße in einem l o g a r i t h m i -
s c h e n Maßstab, auf der Ordinate die Kornhäufigkeit (in Ge-
wichts-%) im l i n e a r e n Maßstab aufgetragen.

3.3.1 Histogramm

Dargestellt wird die Häufigkeit des Auftretens einer bestimmten
Kornklasse als Funktion des gewählten Korngrößenbereiches, wobei

Formblatt zur Auswertung beliebiger Korngrößenverteilungen

Untersuchungsprogramm:

Probe Nr.:

Datum:

Gesteinsart:

Fundort:

Vorbehandlung:

1	2	3	4	5	6	7	8	9
d	R_g	ΔR	Δd	R	d_a	$\Delta R/\Delta d$	$(\Delta R/100)\cdot d_a$	Bemerkungen
mm	g	%	mm	%	mm	%/mm	mm	
2								
1.25								
0.63								
0.355								
0.250								
0.125								
0.063								

1 = gewählte, mit den Maschenweiten identische Kornklassen-Grenzwerte

2 = Kornklassen-Rückstände

3 = Kornklassen-Rückstände in Massen-%, bezogen auf die Probenmenge

4 = Kornklassenbreite

5 = Rückstandssummen

6 = Kornklassenmitte

7 = Zu jeder Kornklasse gehörende Ordinate der Häufigkeitskurve, errechnet aus den Spalten 3 und 4,

8 = Die Summierung dieser Produktwerte über sämtliche Kornklassen ergibt die mittlere Korngröße d_m.

$Q_1 =$ $\qquad$ $Q_2 =$ $\qquad$ $Q_3 =$ $\qquad$ So = $\qquad$ $S_k =$

Bearbeiter:

die F l ä c h e jeder einzelnen Stufe der Kornmenge in der entsprechenden Kornklasse proportional ist. Die Breite der einzelnen Stufen ist durch die Grenzen der gewählten Kornklassen gegeben. Werden diese Intervalle im logarithmischen Maßstab gleichgroß gewählt, so ist auch die Höhe jeder Stufe direkt proportional der Kornmenge in der entsprechenden Kornklasse. Nur im Fall **einer** völlig gleichmäßigen Unterteilung der Abszisse entspricht die Höhe der Stufe dem auf der Ordinate angegebenen Wert. Diese Bedingung wird n u r von Sieben nach der WENTWORTH-Skala erfüllt; bei den **meist** benützten Sieben, z.B. 6.3 - 2 - 0.63 - 0.2 - 0.063 mm, sind die Intervalle viel zu groß.

3.3.2 Häufigkeitskurve

Werden beim Histogramm die Korngrößenintervalle immer kleiner gewählt, so verschwinden allmählich die Stufen und es entsteht eine z.B. glockenförmige Kurve. Voraussetzung für ihre Konstruktion ist eine möglichst große Anzahl von Korngrößenintervallen und damit auch von tatsächlich bei diesen Korngrößen durchgeführten Siebungen ! Aus einer solchen Häufigkeitskurve können die am häufigsten bzw. wenigsten auftretenden Korngrößenbereiche, die Verteilungsbreite und die Symmetrieeigenschaften der Verteilung rasch erkannt werden.

3.3.3 Kornsummenkurve

Diese Kurve wird folgendermaßen konstruiert: Beginnend mit der f e i n s t k ö r n i g e n Kornklasse wird der Gewichtsanteil jeder folgenden gröberen Kornklasse zu der jeweiligen Summe aller (feineren) Kornklassen hinzuaddiert ("Rückstandssummen" in Spalte 5 des Formblattes). Die Summenzahlen werden als Punkte über den entsprechenden Korndurchmessern eingetragen und ergeben, miteinander verbunden, die Kornsummenkurve. In jedem Punkt der Kurve ist abzulesen, wieviele Prozent der Körnung größer oder kleiner als die zugehörige Korngröße sind. Ihr großer Vorteil ist, daß sie unabhängig von der Wahl der Korngrößenintervalle ist, daß also bei ihr keine Umformung der Ergebnisse wie beim Histogramm erforderlich ist. Die Kornsummenkurve stellt das Integral der Häufigkeitskurve dar; jeder ihrer Wendepunkte entspricht einem Maximum bei der Häufigkeitskurve !

Fast alle wichtigen Parameter zur Kennzeichnung eines Korngemenges lassen sich aus der Kornsummenkurve ableiten. Am wichtigsten

sind dabei die Q u a r t i l - Maße. Das sind diejenigen Punkte
der Kornsummenkurve, bei denen ein, zwei oder drei V i e r t e l
(also 25%, 50% und 75%) der Körnung k l e i n e r sind als die
durch diese Punkte gekennzeichneten Korngrößen. Sie werden als Q_1,
Q_2 = Md ("Median") und Q_3 bezeichnet.

So = Q_3/Q_1 wird als "Sortierungskoeffizient" bezeichnet und
$S_k = Q_1 \times Q_3 / Md^2$ ist der "Schiefekoeffizient". Er erfaßt zahlen-
mäßige Abweichungen von der Symmetrie der Kornsummenkurve, die
durch eine größere Anzahl von Kornklassen im gröberen Bereich als
im feineren (und auch umgekehrt) bedingt sind.

Wird die Kornsummenkurve auf Wahrscheinlichkeitspapier übertragen (die Korngröße also ebenfalls im logarithmischen Maßstab), so
erhält man bei manchen Körnungen (Mahlgüter,, auch Sedimente) eine
G e r a d e , die einer "logarithmischen N o r m a l - Verteilung"
entspricht.

3.4 Fragen zur Siebung

18. Aus einer großen Zahl von·Gneis-Proben sollen
    a) die reichlich enthaltenen Feldspäte für röntgenographi-
       sche und chemische Untersuchungen,
    b) der nur in einigen Proben in sehr kleiner Menge enthalte-
       ne Molybdänit für geochemische Untersuchungen,
    c) der im relativ engen Kornbereich von 250/63 µm auftreten-
       de Zirkon für Altersbestimmungen
    durch geeignete Trennverfahren gewonnen werden. Welche Ge-
    sichtspunkte sind bei bei der Vorbereitung dieser Proben zu
    berücksichtigen ? Stellen Sie eine diesbezügliche, möglichst
    lückenlose und übersichtliche Checkliste zusammen !

19. Sie stehen vor der Aufgabe, den Gehalt an freiem Gold und
    dessen natürliche Korngrößenverteilung in der stark tonigen
    Füllung einer Ruschelzone (maximale Korngröße etwa 1 cm) zu
    bestimmen. Wie gehen Sie bei der Aufbereitung einer ca. 50
    kg schweren, bergfeuchten Probe vor ? Wie sieht Ihr Arbeits-
    plan aus ?

20. Aus einem mürben Sandstein soll darin enthaltener Dickit
    möglichst vollständig und unter Erhaltung seiner Kornform
    gewonnen werden. Welche Anweisungen geben Sie Ihrem Mitar-
    beiter für die Vorbereitung und Verarbeitung dieses Gestei-
    nes ?

88

3.5 Literatur zur Siebung und Siebanalyse

AL HAMDAN,A.A.: The influence of the shape factor of grains on sieve analysis. Bull.Fac.Sci.Riyad Univ.(Saudi Arabia) 2 (1970) 2 - 22

AZMON,E.: Field method for sieve analysis of sand. Jour.Sedim. Petrology 31 (1961) 631-633

BATEL,W.: Korngrößenmeßtechnik. 1.Aufl.(1960),156 S. Berlin/Heidelberg/Göttingen: Springer-Verlag

BATEL,W.: Kritische Betrachtungen zur Teilchengrößenbestimmung durch Siebanalyse, Windsichten, Sedimentieren und den Blaine-Test. Chem.-Ing.-Technik 29 (1957) 581 - 588

CARVER,R.E.(edit.): Procedures in Sedimentary Petrology.-Sect. II: Size analysis,S.47-180,(1971).New York:Wiley Interscience.

EMERY,K.O.,H.GOULD: A code for expression of grain size distribution. Jour.Sedim.Petrology 18 (1948) 14 - 23

FRIEDMAN,G.M.: On sorting, sorting coefficients, and the lognormality of grain-size distribution of sandstones. Jour.Geol. 70 (1962) 737 - 753

FÜCHTBAUER,H.,G.MÜLLER: Sedimente und Sedimentgesteine. 1.Aufl. (1970),S.8-11 und 47-56.Stuttgart:Schweizerbart'sche Verl.Bhd.

IRANI,C.R.,C.F.CALLIS: Particle size: Measurement, interpretation, and application. (1963) 173 S.,New York/London: John Wiley & Sons, Inc.

KRAVITZ,J.H.: Using an ultrasonic disruptor as an aid to wet sieving. Kour.Sedim.Petrology 36 (1966) 811 - 812

MARSAL,D.: Statistische Methoden für Erdwissenschaftler. (1967) 152 S., Stuttgart: Schweizerbart'sche Verlags-Buchhdlg.

McMANUS,D.A.: A study of maximum load for small-diameter sieves. Jour.Sedim.Petrology 35 (1965) 792 - 796

MOSEBACH,R.: Auswertung und Darstellung von Kornanalysen und Anwendung ihrer Ergebnisse auf petrologische Fragen. Geologie 3 (1954) 413 - 440

MÜLLER,G.: Methoden der Sedimentuntersuchung (1964),S.69 - 103. Stuttgart: Schweizerbart'sche Verlags-Buchhdlg.

REG'DAVIES,R.: Particle size analysis (201 Literaturangaben!). Industr.Engng.Chem. 62 (1970) No.12, 87-93

SCHUBERT,H.: Aufbereitung fester mineralischer Rohstoffe,Bd.I, S.30 - 47: Beschreibung von Körnerkollektiven. (1968) Leipzig: VEB Deutscher Verlag für Grundstoffindustrie

SIEBTECHNIK GmbH.: Prüfsiebung und Darstellung der Siebanalyse.
2.erw.Aufl. (1954) Mülheim/Ruhr
STROH,W.: Korngrößenbestimmung ,S.747-753 in: ULLMANN's Enzyklopädie der Technischen Chemie,Bd.2/1, 3.Aufl.(1961).München/Ber-
lin: Urban & Schwarzenberg
WALGER,E.: Zur Darstellung von Korngrößenverteilungen. Geol.
Rdschau. 54 (1965) 976-1002

<u>4 Auslesen von Körnern unter einem Stereomikroskop</u>

Die e i n f a c h s t e , aber oft recht anstrengende,wenn auch
nicht vermeidbare Art der Mineral - S o r t i e r u n g erfolgt
mit Hilfe einer Auslesenadel oder Saugpipette unter dem Stereomikroskop bzw. einer Binokularlupe. Voraussetzung für dieses Verfahren
ist, daß die zu trennenden Mineralkörner nicht eine ± einheitliche
Schmutzschicht aufweisen, sondern rundum saubere, möglichst frische
Oberflächen besitzen,so daß sie nach ihren äußeren Kennzeichen wie
Farbe, Fluoreszenzfarbe, Glanz, Durchsichtigkeit, Korn-oder Kristallform, Spaltbarkeit, Aussehen der Bruchfläche voneinander unterscheidbar bzw. eindeutig zu erkennen sind. Dieses Verfahren wird
meist dann angewandt, wenn

a) die zur Verfügung stehende Probemenge so klein ist,daß sich
   kein anderes Aufbereitungsverfahren lohnt,
b) es sich um Mineralfraktionen handelt, die durch k e i n e
   andere Methode mehr getrennt werden können, weil sie sich
   z.B. in der Dichte oder magnetischen Suszeptibilität nicht
   unterscheiden,
c) es sich um kleine Sammelkonzentrate aus der Flotation handelt,
d) für die optische Spektralanalyse, Röntgenbeugungsanalyse oder
   eine kristalloptische Untersuchung nur ganz geringe Substanzmengen benötigt werden,
e) aus einem Konzentrat, bei dem es auf äußerste Reinheit ankommt,noch vorhandene Verwachsungen entfernt werden müssen,
f) bei der Gesteinsaufbereitung Körner einundderselben Mineralart mit unterschiedlichen Farben(z.B.Granate),Kristallformen
   (z.B.Zirkone) oder innerer Beschaffenheit (Einschlüsse) anfallen, die getrennt untersucht werden sollen,
g) ein bestimmtes interessierendes Mineral,das auffällige Kennzeichen besitzt (z.B.Gold,Diamant) in der Probe nur in so geringen Mengen vorkommt,daß sich andere Methoden zu seiner

Abtrennung nicht lohnen oder zu umständlich und zu verlust-
reich sind.

Vor dem Auslesen ist es nützlich, sich zu vergegenwärtigen, daß
e i n Mineralkorn mit einer Kantenlänge von 200 µm (als Würfel)
n u r ein Volumen von 8 x 10^{-6} cm^3 und bei einer Dichte von 3.5
g/cm^3 nur ein Gewicht von 2.8 x 10^{-5} g besitzt. Selbst 3570 Körner
dieser Art wiegen nur 100 Milligramm ! Andererseits sind 1000 bis
1500 aussortierte Körner schon eine gute Tagesleistung. Aber: Bei
vielen mineralogischen, petrologischen, geochemischen, lagerstät-
tenkundlichen, geologischen und vor allem mikropaläontologischen
Fragestellungen kommt man um die Benützung dieser Methode nicht he-
rum. In den "Methoden der Sedimentuntersuchung" von G.MÜLLER und
in der angegebenen Literatur sind m e h r e r e für diesen Zweck
geeignete bzw. bei Bedarf anzufertigende Hand-Auslesegeräte aufge-
führt. Ihre Anwendung bzw. Anfertigung lohnt sich i.a. nur, wenn
das Trennverfahren bei einer größeren Probenserie benützt werden
soll. Bei nur g e l e g e n t l i c h e r Anwendung verfährt man
gemäß der folgenden Anleitung.

4.1 Anleitung zum Auslesen unter der Binokularlupe

Stellen Sie das Binokular in einem ruhigen, nicht zu hellen
Raum so auf einen Tisch, daß ein möglichst bequemer und über längere Zeit nicht ermüdender Einblick möglich ist. Verschaffen Sie sich
genügend Platz um das Binokular ! Wählen Sie eine geeignete, nicht
zu starke Vergrößerung und eine ebenfalls geeignete, nicht zu grel-
le Beleuchtung und stellen Sie Ihren individuellen Augenabstand
ein ! Breiten Sie auf einer ebenen (nicht gewölbten!), nicht vib-
rierenden, glänzenden oder matten Unterlage auf einer Fläche von
4 x 4 bis maximal 8 x 8 cm so viel von der Körnung in einer einzigen Schicht aus, daß die Unterlage noch etwas lückenhaft bedeckt
ist ! Oft, aber nicht immer, ist es günstig, wenn die Unterlage
eine Kontrastfarbe aufweist, also z.B. bei sehr vielen hellen oder
weißen Körnern grau oder schwarz ist.

Richten Sie sich in der Höhe der Unterlage eine A u f l a g e
für e i n e H a n d her(z.B. einige aufeinandergelegte Bücher
oder einen Holzklotz) ! Stellen Sie sich ganz nahe bei der Unterlage oder direkt auf sie gestellt kleine,etwa 1 cm hohe,fest stehende Behälter für die auszulesenden Kornsorten bereit ! Bringen
Sie in die Nähe der Unterlage einen kleinen Wattebausch,der ganz
leicht mit Glyzerin getränkt ist (als Haftmittel für die Körner) !

Richten Sie sich mehrere Glasnadeln her mit winkelig gebogener,
nicht zu feiner Spitze durch Ausziehen von Glasstäben in der Flam-
me ! Stecken Sie die Glasnadeln in einen (Vacuum-)Gummischlauch,
damit sie fest und sicher in der Hand liegen ! Vertrauen Sie sich
mit dem Umstand, daß links und rechts v e r t a u s c h t sind !

Befeuchten Sie die Spitze einer Auslesenadel ganz leicht mit dem
Haftmittel (oft genügt schon Hautfett!). Nähern Sie die Nadel einem
der gesuchten Körner, führen Sie dieses, wenn es anhaftet, r u -
h i g zu seinem vorgesehenen Behälter und streifen Sie es in diesen ab ! Wichtig: Blicken Sie n i c h t nach jedem ausgelesenen
Korn vom Mikroskop auf, sondern bemühen Sie sich, möglichst lange
hintereinander auszulesen und dann wieder eine Pause einzulegen !
Dadurch wird vorzeitiges Ermüden der Augen vermieden. Bemühen Sie
sich auch, möglichst viele Körner auszulesen !

Stellen Sie, wenn von der interessierenden Kornsorte genügend
viele Körner ausgelesen sind, in eine leere, ebene, größere Porzellanschale eine ebenfalls leere und ebene,aber kleinere Porzellanschale ! Geben Sie in diese vorsichtig die ausgelesenen Körner und
betrachten Sie sie noch einmal gründlich unter dem Binokular ! Entfernen Sie die fast immer noch vorhandenen Verwachsungen und Fremd-
körner mit **Hilfe** der Auslesenadel ! Füllen Sie schließlich über der
größeren Schale die ausgelesenen Körner vorsichtig in einen geeigneten, gut verschließbaren, sauberen, der Menge angepaßten Behälter
der b e r e i t s beschriftet ist ! Verwahren Sie die Auslesena-
deln so, daß sie nicht beschädigt werden können !

4.2 Literatur zum Auslesen unter dem Stereomikroskop

EHRENBERG,H.: Methodik der Untersuchung von Lockerprodukten mit
Aufbereitungsmikroskopen. Ein Hilfsmittel zur Betriebskontrolle
in Aufbereitungsanlagen. S.363 - 435 in: FREUND's Handbuch der
Mikroskopie in der Technik,Bd.II,Teil 2 (1954) Frankfurt/M.:
Umschau-Verlag

MURTHY,M.V.N.: An apparatus for handpicking of mineral grains.
Amer.Mineralogist 42 (1957) 694 - 696

SAVOLANTI,A.O.M.,M.H.TYNI: A new mineral-picking apparatus.
Amer.Mineralogist 45 (1960) 9o1 - 9o3

SENFTLE,F.E.: Apparatus for the separation of mineral grains.
Amer.Mineralogist 36 (1951) 91o - 912

HOPPE,G.: Ein pneumatisches Auslesegerät für kleine Partikel.
Zs.Angew.Geologie(Berlin) 6 (1960) 515 - 516

5 Dichtesortierung

Für jeden reinen Feststoff und jede Flüssigkeit, Temperatur und Druck gegeben, ist die D i c h t e eine fundamentale,kennzeichnende Eigenschaft. Die Dichte von M i n e r a l e n ist allerdings aus mehreren Gründen häufig mehr oder weniger stark verändert bzw. vom theoretischen Wert abweichend:

a) Das Mineral kann Glied einer Mischkristallreihe sein.

b) Bestimmte Gitterbausteine können durch schwerere oder leichtere ersetzt sein.

c) Ein Teil des Kristall-, Zeolith- oder Zwischenschicht-Wassers kann abgegeben sein.

d) Es liegen sehr feine, bei der Zerkleinerung nicht mehr mechanisch trennbare Verwachsungen mit einem schwereren oder leichteren Mineral vor.

e) Die Körner können Flüssigkeitseinschlüsse enthalten.

f) Die Körner können äußerst feine offene Poren oder geschlossene Poren oder Gaseinschlüsse besitzen.

g) Minerale, die Uran oder Thorium aufnehmen und zur Isotropisierung neigen oder praktisch immer isotropisiert sind, erfahren eine A b n a h m e ihrer Dichte; die Dichten solcher Minerale können in sehr weiten Grenzen schwanken.

Sehr oft sind die Ursachen der Dichte-Veränderungen feststellbar und die Veränderungen selbst sind meist nicht so schwerwiegend,daß sie die Ausnützung von Dichteunterschieden zur Mineraltrennung völlig ausschließen. Selbstverständlich gibt es zahlreiche Fälle, daß zwei oder mehr Minerale praktisch i d e n t i s c h e Dichten aufweisen; hier müssen zur Trennung eben andere Eigenschaften wie magnetische Suszeptibilität oder Flotierbarkeit benützt werden.

Die Dichten bzw. Dichtebereiche der wichtigsten gesteinsbildenden Minerale sind aus den Seiten 154 bis 157 der 4.Auflage der "TRÖGER-Tabellen"(Optische Bestimmung der gesteinsbildenden Minerale, Teil 1, Bestimmungstabellen) zu ersehen.

Die Dichte kann, auch wenn nur einige wenige Körner verfügbar sind, problemlos mittels eines Pyknometers, Mikropyknometers,der BERMAN-Waage oder mit **Hilfe** von Schwerflüssigkeiten bestimmt werden und das ist für die Auswahl eines geeigneten Trennverfahrens aufgrund unterschiedlicher Dichten auch notwendig bzw. zweckmäßig.

Für die Dichtesortierung gibt es eine ganze Reihe von Verfahren, deren Anwendung allerdings häufig dadurch erschwert oder verhindert wird, daß s p e z i e l l e   G e r ä t e vorhanden sein müssen.

5.1 Dichtesortierung mit Schwerflüssigkeiten

Die Trennung von körnigen Mineralgemengen durch Flüssigkeiten
mit hohen Dichten wird seit einem Jahrhundert in der Mineralogie
angewandt. Das abzutrennende Mineral schwimmt entweder in einer
solchen Flüssigkeit auf oder es sinkt unter, während sich die uner-
wünschten Minerale gerade entgegengesetzt verhalten. Die Methode
ist bei Korngrößen u n t e r 10 μm n i c h t mehr anwendbar und
auch schon bei Korngrößen unter 200 μm empfiehlt sich die Verwendung einer Zentrifuge. Die zu trennende Mineralmenge kann von wenigen Milligramm bis zu etwa 300 g reichen;FAIRBAIRN beschreibt eine Methode für Kilogrammengen. Bei ganz sorgfältigem Arbeiten lassen sich noch Minerale trennen, deren Dichten sich erst in der 2.
Dezimale unterscheiden. In den meisten Fällen sind aber schon aus
den eingangs genannten Gründen so scharfe Trennungen nicht möglich.

Bei den bis 1985 bekannten und weltweit verwendeten Schwerflüssigkeiten handelt es sich entweder um B r o m - oder J o d - Alkyle
o d e r um wasserlösliche Salze des T h a l l i u m s , B l e i s
oder Q u e c k s i l b e r s , also in a l l e n Fällen um Stoffe, die a u ß e r o r d e n t l i c h   g i f t i g sind ! Sie
dürfen weder eingeatmet noch mit dem Mund aufgenommen noch auf die
Haut gebracht werden, außerdem sind sie s e h r   t e u e r .

Glücklicherweise ist 1984 durch PLEWINSKY und Mitarbeiter eine
neuartige, v ö l l i g   u n g i f t i g e Substanz zur Herstellung einer Schwerflüssigkeit aufgefunden worden, die seit kurzem
von der Firma VENTRON, Alfa Produkte, Postfach 6540, D-7500 Karls-
ruhe 1 beziehbar ist. Es ist bereits jetzt vorauszusehen, daß diese Substanz die wenig anwendungs- und umweltfreundlichen herkömmlichen Schwerflüssigkeiten bei den meisten Aufgaben der Gesteinsaufbereitung bzw. Mineraltrennung aus den Laboratorien verdrängen
wird. Es handelt sich bei ihr um ein Natriumpolywolframat der For-
mel Na$_6$(H$_2$W$_{12}$O$_{40}$) mit 86.66 % WO$_3$, das in W a s s e r   s e h r
g u t   l ö s l i c h ist und zwar bis zu 80 Massen-% bei 25°C .
Da die maximal erreichbare Dichte der Lösung (bei 25°C) 3.12 g/cm^3
ist, werden Bromoform und Tetrabromäthan durch sie ü b e r -
f l ü s s i g . Die wässerigen Lösungen sind farblos, stabil im pH-
Bereich von 2 bis 14 , besitzen bis zu einer Dichte von 2.5 g/cm^3
nur geringe Viskositäten , können in Laborzentrifugen verwendet
werden und sind (durch Filtrieren und Eindampfen) ganz einfach zu

regenerieren. Die mit ihnen zu trennenden Proben müssen jedoch
f r e i sein von löslichen Salzen, insbesondere solchen des C a l -
c i u m s, die unlösliche Calciumpolywolframate bilden. Deshalb
darf zum Lösen oder Verdünnen auch nur entionisiertes Wasser verwendet werden. Die Lösungen sind im übrigen unbegrenzt haltbar und
nicht lichtempfindlich. Ein Auskristallisieren während ihrer Anwendung erfolgt nicht, weil sie zur Übersättigung neigen. Inwieweit
Polywolframat-Anionen von Mineralen adsorbiert oder chemisorbiert
werden, mit ihnen reagieren oder ihr Zeta-Potential oder, bei Tonen,
durch Einlagerung die Gitterabstände verändern, ist noch nicht ausreichend untersucht bzw. noch Gegenstand von Untersuchungen. Bei
Gegenwart reduzierender Stoffe kann eine Blaufärbung der Lösung
auftreten, die aber nicht weiter stört.

Gemäß der Patentschrift DE 3 305 517 C2 könnten im Prinzip auch
die hochgiftigen Schwerflüssigkeiten mit einer Dichte über 3.1 g/
cm^3 durch das ungiftige Natriumpolywolframat ersetzt werden, wenn
man dessen gesättigter Lösung feinstteiliges Wolframcarbid zusetzt.
Die so erhaltene Schwerstofftrübe ist, auch wegen ihrer bereits
beträchtlichen Viskosität, relativ lange homogen und erreicht bei
einem Volumenanteil von 40 % Wolframcarbid eine Dichte von 4.6 g/
cm^3, also die maximale Dichte von CLERICI-Lösung.

Da aber einerseits mit derartigen Schwerstofftrüben in der Gesteinsaufbereitung im Labor noch zuwenig Erfahrungen vorliegen, andererseits die herkömmlichen Schwerflüssigkeiten nicht von heute
auf morgen aus den Laboratorien verschwinden werden, sondern in
Sonderfällen auch noch in Zukunft benützt werden, sind im folgenden die beim Umgang mit ihnen zu beachtenden Arbeitsregeln aufge-
führt:

Verwenden Sie nicht mehr Schwerflüssigkeit als unbedingt notwendig ! Vermeiden Sie sorgfältig ein Verschütten und insbesondere jede Berührung mit der Haut ! Gießen Sie niemals Schwerflüssigkeiten
in die Brunnenausgüsse, denn sie bleiben in den Rohrkrümmungen liegen und vergiften wochenlang die Laborluft ! Arbeiten Sie mit
Schwerflüssigkeiten grundsätzlich unter einem gut ziehenden A b -
z u g ! Vermeiden Sie während des Arbeitens mit Schwerflüssigkeiten jede Aufnahme von Nahrung oder Getränken im Labor und waschen
Sie sich vor dem Essen die Hände sehr gründlich ! Gießen Sie nach
Gebrauch Schwerflüssigkeiten nicht einfach weg, sondern bewahren
Sie sie zur Regenerierung in einer besonders deutlich g e k e n n-

z e i c h n e t e n Flasche auf ! Falls eine Filtration erforderlich ist: Stecken Sie das nicht mehr gebrauchte, noch feuchte Filter sofort in eine Mülltonne außerhalb des Hauses ! Lassen Sie Be-
chergläser oder sonstige Behälter von Schwerflüssigkeiten niemals
lange unverschlossen stehen ! Abfiltrierte Mineralfraktionen, die
noch Schwerflüssigkeit enthalten, dürfen auf keinen Fall im Trok-
kenschrank getrocknet werden ! Nehmen Sie verschüttete Schwerflüssigkeiten sofort mit einem saugfähigen, aufkehrbaren Material (z.
B. mit Sägespänen) auf !

Minerale, die Ionenaustauscher-Eigenschaften besitzen (Zeolithe,
Smektite) r e a g i e r e n mit den anorganischen Schwerflüssigkeiten unter Veränderung ihrer Dichte und nehmen beträchtliche Mengen von Schwermetallen auf. Einige Sulfidminerale werden durch
schwermetallhaltige Schwerflüssigkeiten zersetzt. Manche Verdünnungsmittel für organische Schwerflüssigkeiten werden in Tonminerale eingelagert und setzen deren Dichte herab. Schwerflüssigkeiten
dürfen nicht beliebig miteinander gemischt oder mit Wasser oder be-
liebigen organischen Lösungsmitteln verdünnt werden. Es sollten nur
solche Verdünnungsmittel verwendet werden, die eine einfache und
möglichst vollständige Wiedergewinnung der teuren Schwerflüssigkeiten durch D e s t i l l a t i o n gestatten.

Alle herkömmlichen Schwerflüssigkeiten sind lichtempfindlich
bzw. werden am Licht dunkel. Dunkel gewordene organische Schwerflüssigkeiten können durch Schütteln mit etwas "Fullererde" oder
Bentonit und nachfolgendes Filtrieren wieder entfärbt werden.

Wegen der Gefahren für die Gesundheit und der hohen Kosten werden Schwerflüssigkeits-Trennungen i.a. nicht mit großen Probemengen durchgeführt, sondern e r s t dann,wenn bereits durch andere
Trennverfahren Mineralfraktionen gewonnen worden sind, in denen
das interessierende Mineral s c h o n a n g e r e i c h e r t
ist. W i c h t i g : Wenn abzusehen ist, daß die Probe durch Flotation oder Magnetscheidung getrennt werden muß, d a r f die Trennung mit Schwerflüssigkeiten e r s t n a c h Durchführung dieser beiden Trennverfahren angewandt werden ! Gründe dafür sind :
Durch anhaftende Schwerflüssigkeiten können Mineralkörner elektrische Aufladung erhalten oder miteinander verkleben; beides stört
bei der Magnetscheidung. Auch schon s e h r g e r i n g e Men-

gen anhaftender oder adsorbierter Schwerflüssigkeiten v e r ä n -
d e r n das Verhalten aller Minerale bei der F l o t a t i o n
sehr stark und machen meist Flotationen undurchführbar !

In der folgenden Tabelle 8 sind die wichtigsten Daten der durchwegs äußerst giftigen herkömmlichen Schwerflüssigkeiten und - in
der letzten Querspalte- des ungiftigen Natriumpolywolframats auf-
geführt. Ein Diagramm, das die zur Kontrolle der Dichte verwendba-
re Lichtbrechung in Abhängigkeit von der Dichte herkömmlicher, mit
Methanol bzw. Wasser verdünnter Schwerflüssigkeiten zeigt, findet
sich in den "TRÖGER-Tabellen". In den Abbildungen 1 bis 3 auf der
folgenden Seite ist in Diagrammen die Dichte und Viskosität (bei
20°C) von wässerigen Lösungen des Natriumpolywolframats in Abhängigkeit von dessen Massenanteil dargestellt sowie die Dichte von
Schwertrüben aus einer gesättigten wässerigen Lösung von Natriumpolywolframat und feinstteiligem Wolframcarbid in Abhängigkeit von
dessen Feststoffvolumen-Anteil.

Wegen ihres hohen Preises lohnt die Rückgewinnung von Schwerflüssigkeiten durchaus. Voraussetzung dafür ist, daß sie mit geeigneten Verdünnungsmitteln kombiniert wurden; nur dann tritt auch bei
längerem Stehen (gut verschlossen in einer dunklen Flasche im Kühlschrank) keine Zersetzung ein und ist eine rasche Trennung (bei den
organischen Schwerflüssigkeiten) durch D e s t i l l a t i o n
möglich. Diese setzt allerdings entsprechende E r f a h r u n g
voraus ! Wässerige Lösungen werden nach dem Filtrieren durch weit-
gehendes Einengen (nicht Eindampfen!) konzentriert; THOULET'sche
und ROHRBACH'sche Lösung wegen des hohen Quecksilber-Dampfdruckes
der in ihnen enthaltenen Verbindungen selbstverständlich nur unter
einem gut ziehenden Abzug !

Die D i c h t e n der Schwerflüssigkeiten sind s t a r k
t e m p e r a t u r a b h ä n g i g ! Die Einhaltung einer konstanten Temperatur ist eine wesentliche Voraussetzung beim Arbeiten
mit ihnen. Bei Verwendung von leichtflüchtigen Verdünnungsmitteln
wie Methanol ändert sich die Dichte oft recht rasch; sie muß deshalb in kurzen Zeitabständen überprüft und erforderlichenfalls kor-
rigiert werden. Eine solche Kontrolle ist aber auch bei allen im
Labor aufstehenden Schwerflüssigkeiten dringend anzuraten und zwar
s c h o n v o r ihrer Verwendung ! Zur raschen und genauen Dichtebestimmung gibt es mehrere Wege, auf die hier nicht näher einge-
gangen werden soll:

Schwerflüssigkeit	Zusammensetzung	Maxim. Dichte b.20°C	Fp. °C	Kp. °C	Verdünnungsmittel	Preis f. 250 ml DM,1986	Bemerkungen zur Anwendung
Bromoform	CHBr$_3$	2.894	8	146	1,1,1-Trichloräthan	518.-	Tränen-und hautreizend, giftig!
Tetrabromäthan (Acetylentetrabromid;Muthmanns Flüssigkeit)	CHBr$_2$·CHBr$_2$	2.967	0	244	1,1,1-Trichloräthan	79.-	Cancerogen-verdächtig schwer auswaschbar
Methylenjodid (Dijodmethan)	CH$_2$J$_2$	3.325	6	181	1,1,1-Trichloräthan	371.-	Lichtempfindlich! Zersetzt sich rasch!
Thoulet'sche Lösung	Gesättigte Lsg. von K$_2$HgJ$_4$ in Wasser	3.155			Wasser	158.-	Äußerst giftig! Zersetzt einige Sulfide!
Rohrbach's Lösung	Gesättigte Lsg. von BaHgJ$_4$ in Wasser	3.485			Wasser	360.-	Äußerst giftig!
Clerici-Lösung	Äquimolare Lsg. von TlHCO$_2$ und Tl$_2$C$_3$H$_2$O$_4$	4.04			Wasser	546.-	Äußerst giftig! Bei 90°C Dichte 4.6 g/cm^3
Natriumpolywolframat (Natriummetatungstat)	Na$_6$(H$_2$W$_{12}$O$_{40}$) Gesättigte Lsg. in Wasser	3.10			Wasser	154.-	Völlig ungiftig! Unbegrenzt haltbar! Leicht regenerierbar!

Tabelle 8 : Eigenschaften und Preise von Schwerflüssigkeiten

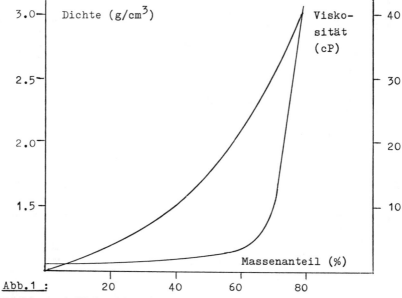

<u>Abb.1</u> :

Dichte und Viskosität der wässerigen Lösungen von Natriumpolywolframat bei 20°C in Abhängigkeit von dessen Massenanteil

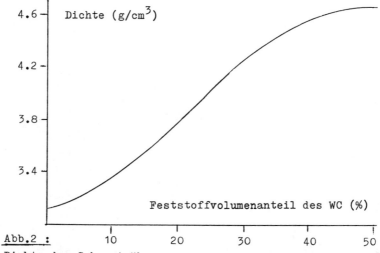

<u>Abb.2</u> :

Dichte der Schwertrübe aus gesättigter, wässeriger Natriumpolywolframat-Lösung und feinstteiligem Wolframcarbid bei 20°C, in Abhängigkeit von dessen Feststoffvolumenanteil

a) Pyknometer

b) Mikropyknometer

c) BERMAN-Waage

d) MOHR-WESTPHAL'sche Waage

e) "Schwebemethode"

f) Bestimmung der Lichtbrechung mit dem Refraktometer

g) Aräometer ("Spindeln")

Recht oft ist folgender Fall gegeben: Durch Auslesen unter dem Binokular wurden einige Körner der interessierenden Mineralart mit noch unbekannter Dichte isoliert,und es soll nun eine Schwerflüssigkeit gefunden bzw. zubereitet werden, mit deren Hilfe diese Mineralart von den anderen Mineralarten mit bereits bekannter Dichte abgetrennt werden kann. Wenn nur sehr wenig Substanz verfügbar ist, empfiehlt sich hier ein relativ einfach selbst herstellbares Mikropyknometer oder eine BERMAN-Waage oder die "Schwebemethode". Bei letzterer wird durch Vermischen einer Schwerflüssigkeit mit Methanol oder Wasser eine k l e i n e M e n g e (1 - 2 ml !) einer Flüssigkeit hergestellt, in der die betreffenden Körner g e r a - d e s c h w e b e n bzw., die die gleiche Dichte besitzt wie die Körner. Die Dichte d i e s e r Flüssigkeit läßt sich leicht über die Lichtbrechung mit dem Refraktometer ermitteln.

5.2 Durchführung von Schwerflüssigkeits-Trennungen

Für Mineraltrennungen mit Hilfe von Schwerflüssigkeiten sind in Anbetracht der häufigen Inanspruchnahme dieses Verfahrens, besonders in der Sedimentpetrographie und Erzlagerstättenkunde, z a h l - r e i c h e Geräte und Methoden entwickelt worden. Jedem, der öfters oder bei vielen oder großen Proben solche Methoden benützen muß, ist dringend zu empfehlen, sich v o r h e r in der angegebenen L i t e r a t u r zu informieren ! Er wird durch eine auf den jeweiligen Zweck zugeschnittene Methode sicher viel Zeit und Geld sparen und bessere Ergebnisse erhalten.

5.2.1 Scheiderohr

Verwendet wird ein s t a r k w a n d i g e s Glasrohr mit einem Innendurchmesser von etwa 12 bis 20 mm, das in der Mitte einen Glashahn besitzt mit d e r s e l b e n W e i t e wie das Glasrohr. Dieser Glashahn sollte nur ganz leicht mit Silikonfett eingefettet werden. Beachten Sie, daß organische Lösungsmittel bzw. Schwerflüssigkeiten Schmierfette l ö s e n , wodurch der Hahn un-

dicht wird. Es ist deshalb unerläßlich, das Hahnküken durch einen
kräftigen Gummiring zu s i c h e r n u n d beim Arbeiten eine
ausreichend große Porzellanschüssel unterzustellen. Das Glasrohr
wird am besten mittels einer entsprechend großen Muffe an einem
Stativ befestigt.

5.2.1.1 Anleitung zu Trennungen mit dem Scheiderohr

Führen Sie alle Arbeiten unter einem gut ziehenden Abzug durch !
Nehmen Sie das Glasrohr so in die Hand, daß das Hahnküken nicht
herausfallen kann und verschließen Sie ein Ende fest mit einem
K o r k e n ! (Ein Gummistopfen würde in organischen Schwerflüssig-
keiten quellen oder aufgelöst werden!). Füllen Sie bei geöffnetem
Glashahn das Rohr zu etwa 2/3 voll mit der Schwerflüssigkeit !

Schütten Sie die Probe (2 - 15 g) etwa 1 cm hoch auf die Schwerflüssigkeit, mischen Sie mit einem Glasstab gut durch, setzen Sie
auch auf das obere Ende einen Korkstopfen,und befestigen Sie das
Glasrohr am Stativ ! Warten Sie ab, bis die Trennung vollzogen ist
(eventuell erst nach nochmaligem Umrühren) ! Es steigen dann durch
den immer noch geöffneten Glashahn keine Körner mehr auf oder ab.
Schließen Sie nunmehr den Glashahn !

Stellen Sie die Flasche mit der verwendeten unverdünnten Schwerflüssigkeit, eine weitere Flasche für das Gemisch von Schwer- und
Waschflüssigkeit und eine Spritzflasche mit der Waschflüssigkeit
bereit ! (Waschflüssigkeit = Verdünnungsmittel für die Schwerflüssigkeit!) Nehmen Sie das Scheiderohr vom Stativ ab ! Halten Sie
es s c h r ä g in einen nicht zu kleinen Trichter, in den Sie bereits ein trockenes, gut durchlässiges Filterpapier gelegt und unter den Sie ein Becherglas gestellt haben. Lösen Sie vorsichtig den
unteren Korkstopfen und lassen Sie die Schwerflüssigkeit mit der
s c h w e r e n Mineralfraktion auf das Filterpapier laufen !
(Beim Lösen des Korkstopfens läßt es sich kaum vermeiden, daß die
Finger mit der Schwerflüssigkeit in Berührung kommen. Wischen Sie
dann Ihre Finger sofort gründlich an einer bereitgelegten Papierserviette ab,und waschen Sie sich möglichst bald die Hände !

Schütten Sie die abfiltrierte Schwerflüssigkeit, sofern sie un-
verdünnt war, sofort wieder in ihre bereitgestellte Vorratsflasche
zurück ! Spülen Sie, nachdem Sie das Becherglas wieder unter den
Trichter gestellt haben, mit der Waschflüssigkeit noch im Rohr haftende Körner auf das Filterpapier ! Waschen Sie das Filter und die
schwere Fraktion im Trichter gut, aber mit möglichst wenig Wasch-

flüssigkeit aus ! Gießen Sie das abfiltrierte Gemisch von Schwer-
und Waschflüssigkeit in die ebenfalls bereitgestellte Vorratsflasche ! Lassen Sie das Filterpapier mit den Körnern auf einem Uhr-
glas unter dem laufenden Abzug an der Luft trocknen ! Verarbeiten
Sie die l e i c h t e Fraktion e n t s p r e c h e n d ! Werfen
Sie die Papierserviette mit den Schwerflüssigkeitsresten in eine
Mülltonne außerhalb des Hauses ! Reinigen Sie das Scheiderohr, den
Trichter und die Korken gründlich von anhaftender Schwerflüssigkeit !

5.2.2 Scheidetrichter nach SINDOWSKI

Das Gerät ist bei G.MÜLLER auf S. 131 abgebildet. In den bis etwa zur halben Höhe mit Schwerflüssigkeit gefüllten Scheidetrichter
werden 5 bis 10 g der trockenen Probe eingefüllt. Nach mehrfachem
Umrühren und mehrstündigem Absitzenlassen wird die schwere Fraktion
von den aufschwimmenden Mineralen durch Einführen eines mit einem
Griff versehenen Glasstopfens abgeschlossen. Die schwere Fraktion
wird nach dem Lösen des Korkstopfens so weiterverarbeitet wie bei
5.2.1.1 angegeben; gleiches gilt für die leichte Fraktion.

5.2.3 Zentrifugieren

In Zentrifugengläsern können Mineralkörner nicht wie im Scheidetrichter an den Wänden haften bleiben; außerdem ist bei sehr feinkörnigen Proben das Zentrifugieren wegen seiner besseren Trenn-
schärfe dem bloßen Absetzenlassen vorzuziehen. Je nach dem Fassungsvermögen der verfügbaren Zentrifugengläser kann der Bedarf an
Schwerflüssigkeit ziemlich groß sein. Sehr w i c h t i g ist,daß
diagonal gegenüber stehende, mit Probe + Schwerflüssigkeit gefüllte
Zentrifugengläser g e n a u g l e i c h e s G e w i c h t besitzen; auch die anderen Gläser müssen g l e i c h s c h w e r
sein. Bei "Sand"-Korngrößen wird 15 Minuten, bei "Silt"-Korngrößen
30 Minuten zentrifugiert. Danach taucht man den unteren Teil des
Zentrifugenglases in flüssigen Stickstoff oder in Trockeneis oder
in eine Kältemischung. Die in ihm befindliche Schwerflüssigkeit gefriert so rasch, daß die überstehende Flüssigkeit mit der leichten
Fraktion abgegossen werden kann. Wenn kein Kältemittel zur Verfügung steht, kann das Einfrieren auch im Kühlschrank erfolgen;dabei
gefriert der gesamte Inhalt des Glases. Nach kurzem Eintauchen des-
selben in warmes Wasser löst sich der gefrorene Inhalt leicht von
der Wandung und kann nach dem Herausnehmen rasch in zwei Teile zer-

schnitten werden.

Ein vermutlich zur Trennung von sehr feinkörnigen Mineralen (bis in den Bereich von 1 μm !) geeignetes Verfahren dürfte das von PLEWINSKY und KAMPS beschriebene Zentrifugieren im Dichtegradienten einer wässerigen oder Natriumchlorid enthaltenden Lösung von Natriumpolywolframat sein.

5.2.4 Dichtegradientensäule

Bei den bisher genannten Methoden treten Schwierigkeiten auf bzw. ergeben sich unvollständige Trennungen, wenn sich die zu trennenden Minerale in ihren Dichten nur noch um 0.1 g/cm^3 unterscheiden. Es ist dann mühsam, eine Schwerflüssigkeit mit einer genau dazwischen liegenden Dichte herzustellen. In solchen Fällen bewährt sich eine Dichtegradientensäule. Es ist dies eine unten mit einem Glashahn verschlossene Glasröhre, in die auf eine der Literatur zu entnehmende Weise eine Schwerflüssigkeit + Verdünnungsmittel so gefüllt werden, daß die Dichte von o b e n   n a c h   u n t e n zunimmt. Bei den Dichteänderungen können auch ganz allmähliche Übergänge und es können -mit geeigneten Verdünnungsmitteln- alle Schwerflüssigkeiten verwendet werden. Es können Körner getrennt werden, deren Dichten sich nur um 0.005 g/cm^3 unterscheiden und deren Korngrößen bis 10 μm herabgehen ! Die Autoren geben an, daß solche Säulen w o c h e n l a n g   s t a b i l bleiben.

5.2.5 Trennungen mit "magnetischen" Schwerflüssigkeiten

Die schwerste übliche Schwerflüssigkeit ist die äußerst giftige und sehr teure CLERICI-Lösung, deren Dichte bei $90^{o}C$ 5.0 g/cm^3 beträgt. S c h e i n b a r e Dichten von bis zu 12 g/cm^3 (!) nehmen Lösungen von p a r a m a g n e t i s c h e n   S a l z e n wie Mangan(II)-Nitrat, -chlorid, -bromid und -sulfat in Wasser oder Kobalt(II)-bromid in Äthanol o d e r   S u s p e n s i o n e n von ultrafeinem M a g n e t i t in Petroleum an, wenn sie in ein s t a r k e s   M a g n e t f e l d ,z.B. in das des später besprochenen FRANTZ-Isodynamic-Magnetscheiders gebracht werden.

Diese speziell für lagerstättenkundliche und geochemische Untersuchungen sehr interessante neue Methode ist anwendbar für nichtferromagnetische Minerale mit einer Korngröße ü b e r   50 μm ; Korngrößen im Millimeter-Bereich können getrennt werden, wenn sich die Dichten der beteiligten Minerale um mindestens 0.1 bis 0.2 g/cm^3 unterscheiden. Je geringer die Korngröße ist, umso größer muß

der Dichteunterschied sein (bei 50 µm z.B. 0.5 bis 0.75 g/cm³).
Die Trennungen werden umso schärfer, je geringer die Probemenge
und der Schwerstoffgehalt sind.

5.3 Ausschlämmen ('elutriation')

    V o r a u s s e t z u n g für das Ausschlämmen ist ein mög-
lichst e n g e r Korngrößenbereich (z.B.90/63 µm),weil seine Anwendung auf dem STOKES'schen Gesetz beruht. Die maximal trennbare
Korngröße liegt bei 200 µm . Nicht mehr als 10 g der Probe werden
in einen a u f w ä r t s fließenden Wasserstrom mit konstanter
und einstellbarer Geschwindigkeit gegeben. Diese wird so gewählt,
daß die leichten Minerale vom Wasserstrom mitgenommen werden, während sich die schweren Minerale an einer dafür vorgesehenen Stelle
der Apparatur absetzen. Die Trennungen sind umso besser, je geringer die Korngrößenunterschiede und je größer die Dichteunterschiede
sind. Auch durch andere der bisher genannten Methoden nicht oder
nur schlecht trennbare Minerale,z.B. Galenit und Pyrit oder Pyrit
und Gold, lassen sich mit sehr gutem Erfolg trennen, w e n n man
erst etwas E r f a h r u n g mit dieser Methode gesammelt hat !

5.4 "Waschen" in der Goldwäscherschüssel

    Die Goldwäscherschüssel (siehe unteres Bild !), die in den USA
'gold pan', in Brasilien 'batêa' , in Indonesien 'dulong' und in
Nigeria 'calabash' genannt wird, ist ein seit Jahrhunderten benütz-
tes Gerät zur Gewinnung von Gold, Platin, Zinnstein aus Sanden und
Seifen.

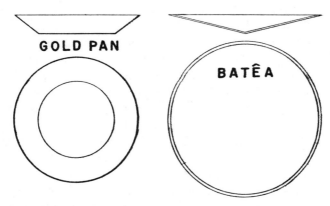

Abb. 3 : 'Gold pan' und 'batêa'

Auch beim Gebrauch der Goldwäscherschüssel ist ein möglichst enger
Korngrößenbereich vorteilhaft bzw. Voraussetzung. Das mit ihrer
Hilfe aufzubereitende Material sollte also vorher, zumindest im Labor, gesiebt bzw. von größeren Körnern befreit worden sein. Körner
u n t e r 50 µm e n t g e h e n jedoch zum größten Teil einer Anreicherung! Die Anreicherung ist im übrigen niemals quantitativ,
kann aber bei einiger Übung und Erfahrung durchaus zum Abschätzen
von Schwermineralgehalten dienen. Im Bereich bis 1 % Zinn können
Geübte den Zinngehalt bis auf 0.1 % genau schätzen. Selbstverständlich spielen auch die U n t e r s c h i e d e in der Dichte eine
entscheidende Rolle ! Es ist im Prinzip sehr viel einfacher und ko-
stet wesentlich weniger Zeit und Sorgfalt, das schwere Gold aus einem Sand zu waschen als ein etwa 90 %iges Konzentrat der Schwerminerale im Dichtebereich von 3.2 bis 4.5 g/cm^3.

Normalerweise wird im G e l ä n d e so gewaschen, daß der Wa-
schende die Schüssel unter Wasser hält, also z.B. im Fluß steht.
Eine Schüssel faßt etwa 10 kg Sand. Ein geübter 'panner' benötigt
für das G o l d w a s c h e n pro Schüssel etwa 6 Minuten; die
90 %ige Gewinnung der Schwermineral-Fraktion erfordert dagegen
schon 20 bis 30 Minuten !

Meist wird eine 2.Schüssel benötigt, um kleine Konzentrate zu
sammeln; das Sammelkonzentrat wird dann noch einmal gewaschen. Außerdem ist ein W a s s e r z u f l u ß notwendig und im Labor ein
großer Behälter, der das abgeschlämmte Material aufnehmen kann.

5.4.1 Anleitung zum Gebrauch der Goldwäscherschüssel im Labor

Stellen Sie eine große Plastikwanne auf den Tisch bzw. neben den
Brunnen und führen Sie das "Waschen" möglichst über ihr aus ! Füllen Sie die Goldwaschschüssel etwa 2 bis 3 cm hoch mit Sand und bedecken Sie diesen bis fast zum Rand mit Wasser ! Halten Sie die
Schüssel mit beiden Händen waagerecht und bewegen Sie sie etwa eine
Minute lang kräftig kreisend ! Die schweren Minerale wandern dabei
in die Mitte der Schüssel zum Boden; nach ihrem Verschwinden von
der Oberfläche des Sandes bzw. dem ausschließlichen Auftreten
leichter Minerale auf dieser wird beurteilt, ob dieser Vorgang ver-
längert werden muß. Halten Sie nun die Schüssel nach vorn etwas vom
Körper weg geneigt und lassen Sie ständig etwas weniger Wasser (aus
der Leitung) zulaufen als durch die weitere kreisende Bewegung zusammen mit der obersten Schicht der leichten Körner über ihren Rand
geschwappt wird. Wiederholen sie b e i d e Bewegungen (ohne und

mit zufließendem Wasser) bis ein hinreichend großes bzw. sich
nicht mehr vergrößerndes Konzentrat erhalten wurde ! Achten Sie dabei darauf, daß keine großen **Schwermineralkörner** weggeschwappt werden ! (Die Schwermineralkörner sind zwar keineswegs immer, aber
doch sehr oft d u n k e l gefärbt).

Reinigen Sie das rohe Konzentrat in zwei Schritten:

1. Bewegen Sie die Schüssel so, daß möglichst viele der noch
vorhandenen größeren Körner der leichten (meist hellen) Minerale
über die schwere Fraktion hinweg nach außen wandern oder rollen !
Von der schweren Fraktion sollte dabei nichts verloren gehen !

2. Schütteln Sie das Konzentrat mit wenig Wasser so, daß die
leichten Körner sich an der Oberfläche anreichern und mit einer raschen, geschickten Bewegung entfernt werden ! Beenden Sie das Waschen, wenn keine wesentlichen Gehalte an Quarz, Feldspäten, Muskovit mehr erkennbar sind !

5.5 Makro- und Mikropanner, Schwing- und Schüttelherde

Die in der Überschrift genannten Geräte funktionieren nach dem
gleichen Prinzip: Wasser, das sich in l a m i n a r e r Strömung
über eine flach geneigte, ebene Unterlage **bewegt**, besitzt unmittelbar auf dieser die Geschwindigkeit Null und hat seine höchste Geschwindigkeit etwas unterhalb der Grenzfläche zur Luft. Mineralkörner mit e n g b e g r e n z t e r Korngröße, die sich m i t dem
Wasserfilm bewegen, neigen dazu, sich nach ihrer Dichte zu sortie-
ren: Die schweren Minerale bleiben im Bereich niedriger Geschwindigkeit liegen, während die leichteren Minerale in den Bereich der
höheren Geschwindigkeit kommen und deshalb schneller die Unterlage
hinab wandern. Um diesen Vorgang zu beschleunigen und zu intensi-
vieren, wird die geneigte Unterlage in ihrer Querrichtung einer pe-
riodischen s t o ß e n d e n Bewegung ausgesetzt, die beim Si-
chertrog durch Schlagen mit der Hand, bei **den** anderen Geräten von
einem motorbetriebenen Excenter verursacht wird. Die reine Abwärts-
Komponente der Bewegung der Körner erhält dadurch eine für die
Trennung sehr vorteilhafte Querkomponente. Die nach ihrer Dichte
sortierten Minerale bilden auf der Unterlage durch unterschiedliche
Färbungen gut erkennbare S t r e i f e n , die bei den Schüttel-
herden f ä c h e r f ö r m i g von der Stelle **verlaufen,** an der die
Probe (als Suspension!) aufgegeben wird. Soweit ständig Wasser bzw.
neue Suspension zugeführt werden, rücken die Enden dieser Streifen
auch ständig an den Rand der Unterlage vor und können dort in

speziellen "Taschen" aufgefangen werden. Natürlich h y d r o -
p h o b e Minerale wandern, auch wenn sie schwer sind (z.B.Molyb-
dänit) an der Grenzfläche zur Luft auf der geneigten Fläche. Sie
gelangen also in die l e i c h t e Fraktion, die sehr oft verworfen wird und gehen damit verloren ! Andererseits kann man diesen
Effekt auch zu einer speziellen Art der Flotation ausnützen.

Nach TAGGART ist das Konzentrations-Kriterium für eine mögliche
Trennung (d bezieht sich auf die Dichten der zu trennenden Minerale)

$$K = \frac{d_{schwer.Min.} - 1}{d_{leicht.Min.} - 1}$$

Bei einem Wert von K ü b e r 2.5 ist eine Trennung bei a l -
l e n Korngrößen möglich; liegt K u n t e r 1.25, so ist normalerweise ˙k e i n e Trennung mehr möglich. Bei Werten von K zwischen 1.25 und 2.5 hängt der Trennerfolg etwas von der Korngröße
ab. Unterhalb von 53 μm (300 mesh B.S.) sind Trennungen manchmal
noch möglich, aber bereits schwierig.

Bei allen genannten Geräten hängt das Ergebnis von zahlreichen
G e r ä t e - P a r a m e t e r n ab: Neigung der Fläche, Rauhig-
keit der Fläche; Intensität, Länge und Häufigkeit des Stosses, Amplitude der seitlichen Schüttelbewegung, Menge und Schichtdicke des
zugeführten Wassers. Aus diesem Grund sollte kein Benutzer dieser
Geräte auf Anhieb ein optimales Ergebnis erwarten; ein solches ist
vielmehr erst nach längerem, systematischen und geduldigen Ermitteln der günstigsten Parameter zu erzielen. Bei stark voneinander
abweichenden Proben muß allerdings wieder neu optimiert werden.

Mit Hilfe des Mikropanners können bis zu 5 g, mit dem Makropan-
ner bis zu 50 g verarbeitet werden. Im Gegensatz zu diesen beiden
Geräten werden Schüttelherde kontinuierlich betrieben. Mit ihnen
können auf einer Fläche von 100 x 50 cm bei 280 Stössen/Minute und
einem Feststoffgehalt der Trübe von 20 bis 35 Gewichts-% pro Stun-
de 25 kg gut klassiertes Gestein getrennt werden.

5.6 Fragen zur Dichtesortierung

21. Welche gesundheitlichen Gefahren können beim Arbeiten mit
    Bromoform und Tetrabromäthan auftreten ? Wie kann man ihnen
    begegnen ?

22. Bei der Untersuchung von Putzschäden stellte sich heraus,
    daß Gehalte von nur 0.03 % Pyrit, FeS_2, im Mörtelsand Ursa-
    che des Schadens sind. Machen Sie dem Betriebsleiter des

Sandgewinnungswerkes einen p r a k t i k a b l e n Vor-
schlag, wie er vorgehen muß, um den Pyritgehalt seiner
Sandlieferungen auf möglichst einfache und billige Weise
selbst bestimmen zu können ! Welche unerläßliche Voraussetzung muß bei der Anwendung Ihres Vorschlages gegeben sein?

23. Aus einem Bachsand soll der darin enthaltene Scheelit quantitativ abgetrennt werden. Im Einzugsgebiet des Baches kommen Gneise, Quarzite, Amphibolite und magnetitführende
Grünschiefer vor. Der Scheelit besteht aus drei Sorten:
a) praktisch molybdänfreier Scheelit, b) Scheelit mit
feinstverteilten Molybdänit-Tungstenit-Mischkristallen,
c) einem Mischkristall mit ca. 1 % Powellit. Der Anteil
dieser drei Sorten im Konzentrat soll ebenfalls bestimmt
werden. Wie sieht Ihr Plan für die Vor- u n d Aufbereitung einer solchen Sandprobe aus ?

24. Die Gehalte des Rheinsandes an Cassiterit (Zinnstein) und
Gold sollen an einer großen Probenzahl möglichst quantitativ bestimmt werden. Welche Trennverfahren bieten sich an,
wenn für diese Untersuchungen keinerlei größeren zusätzlichen Geräte beschafft werden können ? Entwerfen Sie eine
übersichtliche Strategie !

25. Bei einer umfangreichen Untersuchung über die Geochemie des
Apatits in Gesteinen eines bestimmten Gebietes wurden die
aus diesen Gesteinen gewonnenen Kornfraktionen mit den
höchsten analytisch ermittelten Gehalten an P_2O_5 mit Hilfe
eines Naß-Schüttelherdes aufbereitet. Unerwarteterweise
wurde aber nur ein kleiner Bruchteil des zu erwartenden
Apatits in den betreffenden Dichte-Konzentraten gefunden.
Wie würden Sie das Fehlen des Apatits in seiner Dichtefrak-
tion erklären ? Was würden Sie zur Vermeidung von Apatit-
verlusten unternehmen ?

26. Aus einem schonend zerkleinerten Sandstein wurden größere,
aber ziemlich mürbe und poröse Körner von Corkit mit Hilfe
von Bromoform abgetrennt. Die Konzentrate rochen auch nach
mehrfacher Extraktion mit Aceton noch nach Bromoform. Wie
würden Sie vorgehen, um den Bromoformgehalt des Corkits
quantitativ zu bestimmen bzw. die Effizienz der Reinigungs-
schritte besser zu beurteilen ?

5.7 Literatur zur Dichtesortierung

BARSDATE,R.J.: Rapid heavy mineral separation. Jour.Sedim.Petr.
32 (1962) 608 - 620

BASFORD,J.R.: An improved method for rapid, low loss densitysep-
arations with heavy liquids. Amer.Mineralogist 58(1973) 1094 -
1095

BEEVERS,A.J.: Preparation of sensitive linear density gradients.
Proc.Soil Sci.Soc.Amer. 25 (1961) 357 - 363

BENJAMIN,R.E.K.: Recovery of heavy liquids from dilutesolutions.
    Amer.Mineralogist 56 (1971) 613 - 619

BENSON,J.J.,H.J.BRANARD: New approach to density measurements
using Archimedes' principle. Nature 239 (1972) 96

BERMAN,H.: A torsion microbalance for the determination of specific gravity of minerals. Amer.Mineralogist 24(1939) 434 - 440

BLATT,H.,V.M.BROWN: Prophylactic separation of heavy minerals.
Jour.Sedim.Petrol. 44 (1974) 260 - 261

BLOOM,H.: Toxic properties of several organic solvents used in
geochemical exploration. Amer.Mineralogist 48 (1963) 1000

BONSTEDT-KUPLETSKAYA,E.M.: Die Bestimmung des spezifischen Ge-
wichts von Mineralen. (1954) 110 S. Jena:Gustav Fischer Verlag

BRITISH STANDARDS INSTITUTION: Specification for concentration
gradient density columns. Brit.Stand.3715 (1964) London

BUSECK,P.R.et al.: Hexachloro-1,3-butadiene, a meteorite etch
and density measuring medium. Amer.Mineralogist 56(1971)32o-326

CABRI,L.J.: Density determinations: Accuracy and application to
sphalerite stoichiometry. Amer.Mineralogist 54 (1969) 539 - 548

CHEESEMAN,D.R.: A new technique in centrifugal mineral separation. Can.Mineralogist 6 (1957) 153 - 157

COOKE,S.R.B.: Short column hydraulic elutriator for subsieve
sizes. U.S.Bur.Mines, Rept.Invest. 3333 (1937)

DESNOES,A.: Utilisation des suspensions denses de mercure dans
la bromoform au laboratoire. B.R.G.M.,RE-868 (1963) (2) 1 ff.

EMBREY,P.G.: Density determination by titration. Miner.Mag. 37
(1969) 523

FAHEY,J.A.: A method for determining the specific gravity of
sand and ground rock or minerals. U.S.Geol.Surv. Prof.Paper 424-
C (1961) 372-373

FAIRBAIRN,H.W.: Concentration of heavy accessories from large
rock samples. Amer.Mineralogist 40 (1955) 458 - 468

FESSENDEN,F.W.: Removal of heavy liquid separates from glass centrifuge tubes. Jour.Sedim.Petrol. 29 (1959) 621

FRANKE,A. et al.: Die Thalliumvergiftung. Notfall.Med. 5 (1979) 145 - 151

FROST,I.C.: An elutriating tube for the specific gravity separation of minerals. Amer.Mineralogist 44 (1959) 886 - 890

GABENISCH,B.,M.AMMOU-CHOKROUM: Présentation d'un appareil automatique pour la séparation des mineraux par liqueurs denses. Bull.Soc.Franc.Min.Krist. 96 (1969) 395 - 396

GAUDIN,A.M. et al.: Sizing by elutriating of fine ore-dressing products. Industr.Engng.Chem. 22 (1930) 1363

GRANDSTAFF,D.E.: Use of mercuric bromide as a heavy liquid. Amer.Mineralogist 57 (1972) 1899 - 1902

GRIFFITHS,W.R.,A.P.MARRANZINO: Fuller earth as an agent for purifying heavy organic liquids. Amer.Mineralogist 45(1960)739-741

HALMA,G.: A simple and rapid method to obtain a linear density gradient. Clay Minerals 8 (1969) 47 - 57

HAULTAIN,H.E.T.: Splitting the minus 200 mesh with the superpanner and infrasizer. Trans.Canad.Inst.Min.Met. 40 (1937) 229-234

HENLEY,K.J.: Improved heavy-liquid separation of fine particle sizes. Amer.Mineralogist 62 (1977) 377 - 381

HICKLING,N. et al.: N,N-Dimethylformamide, a new diluent for bromoform used as a heavy liquid. Amer.Mineralogist 46 (1961) 1502 - 1503

HUGHES,J.M.,R.W.BIRNIE: Density determination of microcrystals in magnetic fluids. Amer.Mineralogist 65 (1980) 396 - 400

IJLST,L.: New diluents in heavy liquid mineral separation and an improved method for the recovery of the liquids from the washings. Amer.Mineralogist 58 (1973) 1084 - 1087

IJLST,L.: A laboratory overflow-centrifuge for heavy liquid mineral separation. Amer.Mineralogist 58 (1973) 1088 - 1093

JAHNS,R.H.: Clerici solution for the specific gravity determination of small mineral grains. Amer.Mineralogist 24 (1939)116-122

JONES,J.M.: Method of establishing a liquid column of graded density. Journ.scient.Instruments 38 (1961) 367 ff.

JONES,M.P.: A continuous laboratory-size density separator for granular materials. Miner.Mag. 35 (1965) 536 - 541

JONES,F.T.: Density-separation apparatus. Jour.Sedim.Petrol. 40 (1970) 324 - 325

KAST,W.: Dichtebestimmung. S.742-747 in: ULLMANN's Enzyklopädie
der Technischen Chemie, 3.Aufl.,Bd.2/1: Anwendung physikalischer
und physikalisch-chemischer Methoden im Laboratorium. (1961)
München/Berlin: Urban & Schwarzenberg

KAZANTZIS,G.: Tungsten. Chapt.39, S. 638 - 646 in: FRIBERG,L.,
NORDBERG,G.F.,V.B.VOUK(editors): Handbook of the Toxicology of
Metals. (1979) Amsterdam: Elsevier/North Holland Press

KITTRICK,J.A.: The density separation of clay minerals in thal-
formate solutions. Amer.Mineralogist 46 (1961) 744 - 747

KSANDA,C.J.,H.E.MERVIN: Improved micropycnometric density determinations. Amer.Mineralogist 24 (1939) 482 - 484

LANGE,H.,F.WIEDEMANN: Zur Gewinnung reiner Mineralfraktionen
aus Gesteinen und den dabei möglichen Aussagen über die quantitative Zusammensetzung einzelner Gesteinstypen. Bergakademie 14
(1962) 511 - 524

MASON,B.: The determination of the density of solids. Geol.
Fören.Förhandl. 66 (1944) 27 - 51

MAY IRVING, J.MARINENKO: A micropycnometer for the determination of the specific gravity of minerals. Amer.Mineralogist 51
(1966) 931 - 934

McLOUGHLIN,W.A.,D.C.BERKSHIRE: Nitrobenzene-tetrabromoethane
solutions for the gravity separation of heavy mineral grains.
Jour.Sedim.Petrol. 39 (1969) 1610 - 1615

MEEN,V.B.: Determination of specific gravity of minerals by use
of index liquids. Univ.Toronto Stud.,Geol.Ser.No.37 (1933)47-50

MERTIE,J.B.jr.: The gold pan: A neglected geological tool.
Econ.Geol. 51 (1956) 639 - 651

MERVIN,H.E.: A method of determining the density of minerals by
means of Rohrbach's solution having a standard refractive index.
Amer.Jour.Sci., 4th ser. 32 (1911) 425 - 428

MEYROWITZ,R. et al.: A new diluent for bromoform in heavy liquid
separation of minerals. Amer.Mineralogist 44 (1959) 884 - 885

MODDARESI,H.G.: Simple and effective device for gravity separation of heavy mineral grains. Jour.Sedim.Petrol.38(1968)240-242

MÜLLER,G.: Methoden der Sedimentuntersuchung. Kap.3.42: Trennung durch Schwerflüssigkeiten, S.126 - 133 (1964) Stuttgart:
Schweizerbart'sche Verlagsbuchhandlung

MULLER,D.L.: An apparatus for the gravity concentration of small
quantities of materials. Inst.Mining Metall.Trans.68(1967) 1 - 7

MULLER,L.D.: Laboratory methods of mineral separation. S. 1 - 32
in: ZUSSMAN,J.(ed.): Physical methods in determinative mineralogy. (1967) London/New York: Academic Press.
MULLER,L.D.: The micropanner - an apparatus for the gravity concentration of small quantities of materials. Bull.Inst.Mining
Metall. 68 (1958) B 1 - B 7
MULLER,L.D.: Discussions and contributions to 'The micropanner -
an apparatus for the graviry concentration of small quantities
of materials.' Bull.Inst.Mining Metall.Nr.625, 68(1958)95 - 100
MULLER,L.D.,C.J.BURTON: The heavy liquid density gradient and
its application in ore-dressing mineralogy. Proceed.8th Common-
wealth Mining and Metall.Congr.Australia and N.Z., 6 (1965)
1151 - 1163
MULLER,L.D. et al.: Applied mineralogy in tin ore beneficiation.
S. 559 - 600 in: A Second Technical Conference on Tin, W.FOX
(edit.), 2 (1969) International Tin Council
MURSKY,G.A.,R.M.THOMPSON: A specific gravity index for minerals.
Canad.Mineralogist 6, Pt.2 (1957) 273 - 287
NICKEL,E.H.: A new centrifuge tube for mineral separation.
Amer.Mineralogist 40 (1955) 697
MILSSON,B.: Separation of perthitic microcline by heavy liquid
fractionation - a too sensitive method ? Norsk Geol.Tidskr. 47
(1967) 149 - 157
ØSTERGAARD,T.V.: A continuous density separator for mineral
separation. Miner.Mag. 36 (1968) 890 - 891
PARSONAGE,P.: Small-scale separation of minerals by use of para-
magnetic liquids. Trans.Inst.Mining Metall. (1977) B 43 - B 46
PLEWINSKY,B. et al.: Patentschrift DE 33 05 517 C2, Veröffent-
lichungstag der Patenterteilung: 17.1.1985
PLEWINSKY,B.,R.KAMPS: Sodium metatungstate, a new medium for bi-
nary and ternary density gradient centrifugation. Makromol.
Chem. 185 (1984) 1429 - 1439
POLLACK,J.M.: Removal of heavy liquid separates from glass centrifuge tubes - additional suggestions. Jour.Sedim.Petrol. 32
(1962) 607
RANKAMA,K.: Purifying methods for Clerici Solution and for acet-
ylene tetrabromide. Bull.Geol.Comm.Finlande 115 (1936) 65 - 67

RITTENHOUSE,G.,W.E.BERTHOLF: Gravity versus centrifuge separation of heavy minerals from sand. Jour.Sedim.Petrol.,12(1942)85-89

RODDA,J.L.: Anomaleous behaviour of montmorillonite clays in Clerici solution. Amer.Mineralogist 37 (1952) 117 - 119

SARKAR,G.G.,S.MANCHANDA: An improved device for float and sink tests of coals below 1/8 inches. J.Mines Metals Fuels 10(1962)17-2o

SCHOEN,R.D.,D.E.LEE: Successful separation of sieve-size minerals in heavy liquids. U.S.Geol.Surv.,Profess.Paper 501-B(1964)154-157

SCLAR,C.B.,A.WEISSBERG: Density chart for the preparation of heavy liquids for mineralogical analysis. Trans.A.I.M.M.E. 220 (1961) 349 - 351

SCULL,B.J.: Removal of heavy liquid separates from glass centrifuge tubes - an alternative method. Jour.Sedim.Petrol. 30(1960) 626-627

SENFTLE,F.E.: Apparatus for the separation of mineral grains. Amer.Mineralogist 36 (1951) 910 - 911

SHAUB,B.M.: Using the microscope for specific gravity determination of minute mineral grains. Amer.Mineralogist 44(1959)89o-892

SINDOWSKI,K.H.: Mineralogische, petrographische und geochemische Untersuchungsmethoden . S.161 - 184 in: BENTZ,A.,H.-J.MARTINI: Lehrbuch der Angewandten Geologie, Bd.I (1961). Stuttgart: Ferd. Enke Verlag

STREBIN,R.S. et al.: Wide-range density separation of mineral particles in a single fluid system. Amer.Mineralogist 62 (1977) 374 - 376

SYROMYATNIKOV,F.V.: The micropycnometric method for the determination of specific gravity of minerals. Amer.Mineralogist 20 (1935) 364 - 367

TAGGART,A.E.: Handbook of Mineral Dressing. (1945) New York: John Wiley & Sons

THEOBALD,P.K.: The gold pan as a quantitative geologic tool. Bull.U.S.Geol.Surv. 1071-A (1957) 1 - 54

TRÖGER,W.E.: Optische Bestimmung der gesteinsbildenden Minerale. Teil 1 Bestimmungstabellen. 4.Aufl.(1971) S. 153 . Stuttgart: Schweizerbart'sche Verlagsbuchhdlg.

TURNER,W.: An improved method for recovery of bromoform used in mineral separation. U.S.Geol.Surv.,Profess.Paper 550-C (1966) 224 - 227

TYLER,St.,R.W.MARSDEN: A discussion of some of the errors intro-
duced in accessory mineral separations. Natl.Res.Council,Comm.on
Access.Minerals, Ann.Rept. (1936-1937) 4 - 15

VASSAR,H.E.: Clerici solution for mineral separation by gravity.
Amer.Mineralogist 10 (1925) 123 - 125

VHAY,J.S.,A.T.WILLIAMSON: The preparation of thallous formate.
Amer.Mineralogist 17 (1932) 560 - 563

VON WOLFF,Th.: Methodisches zur quantitativen Gesteins-und Mine-
raluntersuchung mit Hilfe der Phasenanalyse, ausgeführt am Beispiel der mafischen Komponenten des Eklogits von Silberbach.
Miner.Petrogr.Mitt. 54 (1942) 1 - 120

WEAWIND,R.G.,A.A.LINARI-LINHOLM: The recovery of diamonds from
prospecting samples. Jour.South Afric.Inst.Mining Metall.,(1958)
635 ff.

WEISS,J.: The use of Thoulet's solution for heavy mineral separation. Amer.Mineralogist 32 (1947) 475 - 477

WHINCHELL,H.: A new micropycnometer for the determination of
heavy solids. Amer.Mineralogist 23 (1938) 8o5 - 81o

THE WILFLEY MINING MACHINERY CO.,LTD.: Aufbereitungsherde (1979)
Firmenschrift. Wellingborough,Northants.,England

WOO,C.C.: Heavy media column separation: A new technique for petrographic analysis. Amer.Mineralogist 49 (1964) 116 - 126

ZESCHKE,G.: Prospecting for ore deposits by panning heavy minerals from river sands. Econ.Geol. 56 (1961) 1250 - 1257

6 Magnetscheidung

6.1 Theoretische Grundlagen

Bringt man Materie in ein magnetisches Feld, so kann in ihr die Zahl der magnetischen Feldlinien kleiner, gleich oder größer als im Vacuum sein. Die Zahl der Feldlinien in einem Stoff, die magnetische I n d u k t i o n B ist der Zahl der Feldlinien im Vacuum proportional

$$B = \mu \cdot H$$

Den Faktor μ nennt man die m a g n e t i s c h e   P e r m e a - b i l i t ä t ; sie ist das Gegenstück zur Dielektrizitätskonstante.

Die Differenz zwischen magnetischer Induktion und Feldstärke ergibt die Zahl der zusätzlichen Feldlinien im betreffenden Stoff. Man nennt sie die M a g n e t i s i e r u n g   I und fügt zur Vereinfachung von Rechnungen den Faktor 4π hinzu:

$$4\pi I = B - H$$

Aus den beiden Gleichungen errechnet sich die V o l u m e n - s u s z e p t i b i l i t ä t χ als das Verhältnis von Magnetisierung und Feldstärke:

$$\frac{I}{H} = \frac{\mu - 1}{4\pi} = \chi$$

In der Gesteinsaufbereitung interessieren die M a s s e n - Suszeptibilitäten, die Verhältnisse der Volumensuszeptibilität zur Dichte des betreffenden Minerales:

$$S = \frac{\chi}{\varrho}$$

Die Werte für S werden gewöhnlich in Form ihres 10^{-6}-fachen angegeben; ihre Dimension ist cm^3/g. In der Technik unterscheidet man

starkmagnetische Minerale:	S =	über 35000 x 10^{-6} cm^3/g
mittelmagnetische "	S = 7500 bis	35000 x 10^{-6} cm^3/g
schwachmagnetische "	S = 200 "	7500 x 10^{-6} cm^3/g
nicht magnetische "	S =	unter 200 x 10^{-6} cm^3/g

Die meßbare Suszeptibilität setzt sich, je nach Art des Stoffes, und des benützten Meßverfahrens i.a. aus mehreren Komponenten zusammen, so daß sich 3 Arten von Magnetismus ergeben: D i a -, P a r a - und F e r r o - Magnetismus.

Bei den diamagnetischen Stoffen ist die Magnetisierung der Feldstärke proportional, aber dieser entgegengesetzt gerichtet. Sie werden von den Polen eines permanenten Magneten abgestoßen, bewegen sich also aus dem Magnetfeld heraus. Ihre Suszeptibilitäten sind relativ klein, haben negative Werte und hängen nicht von der Temperatur ab.

Diamagnetismus ist eine allgemeine Eigenschaft der Materie und kann so interpretiert werden, daß durch Einschalten eines äußeren magnetischen Feldes ein Spannungsstoß in den Elektronenbahnen der Atome und Ionen induziert wird, der die Umlaufgeschwindigkeiten der Elektronen (bezogen auf die Feldrichtung) ändert. Beispiele für diamagnetische Minerale sind: Kupfer, Silber, Gold, Wismut, Blei, Schwefel, Halit, Fluorit, Galenit, Quarz, Calcit, Apatit, Topas und Zirkon (nur wenn dieser ganz rein ist).

Bei den paramagnetischen Stoffen ist die Magnetisierung der Feldstärke proportional und gleichgerichtet. Sie werden von den Polen eines Magneten angezogen und bewegen sich in das Magnetfeld hinein. Ihre Suszeptibilitäten sind klein, positiv und in vielen Fällen (nicht immer!) bei nicht zu tiefen Temperaturen der absoluten Temperatur umgekehrt proportional (CURIE'sches Gesetz). Paramagnetismus ist auf das Vorhandensein permanenter magnetischer Momente der Atome oder Molekeln zurückzuführen. Bei Festkörpern kann man ihn erwarten, wenn die Kristallbausteine selbst unabgeschlossene Elektronenschalen besitzen oder die Valenzelektronen sich nicht paarweise absättigen. Sehr viele Minerale sind paramagnetisch,z.B. Pyrit, Markasit, Rutil, Dolomit, Magnesit, Beryll, Dioptas.

Bei den ferromagnetischen Stoffen ist die Magnetisierung dem Feld gleichgerichtet, jedoch nicht mehr der Feldstärke proportional; sie ist bei mittleren Temperaturen sehr viel stärker als in paramagnetischen Stoffen. Die Suszeptibilität ist hier keine Konstante mehr, sondern eine Funktion der Feldstärke und der Vorgeschichte der Magnetisierung. Ferromagnetismus ist an den kristallinen Zustand gebunden. Die an sich paramagnetischen Atome dieser Stoffe sind im Kristallgitter nur innerhalb gewisser Domänen mit ihren Elektronenspins parallel orientiert; in verschiedenen Domänen sind die Magnetisierungsrichtungen verschieden. Erst, wenn ein äußeres magnetisches Feld angelegt wird, wachsen die günstig orientierten Domänen auf Kosten der ungünstig orientierten.Dabei wächst die Magnetisierung bei sehr kleinen Feldstärken zunächst linear an.

Bei weiterer Zunahme der Feldstärke wächst die Magnetisierung wesentlich rascher, bis nahezu alle Domänen in e i n e kristallo-
graphische Vorzugsrichtung magnetisiert sind, deren Winkel mit dem
Feld am geringsten ist.

Verantwortlich für die Entstehung kräftiger permanenter Magnete
sind parallel orientierte atomare Ringströme, deren magnetische
Momente und die gegenseitige Stabilisierung ihrer Orientierung.
Alle ferromagnetischen Stoffe weisen das geschilderte Verhalten nur
unterhalb einer stoffspezifischen Temperatur, der CURIE-Temperatur,
auf. Oberhalb dieser Temperatur verhalten sie sich wie paramagnetische Stoffe, auch in Bezug auf die Größenordnung der Suszeptibilität.

Ferromagnetisch sind: Eisen, Awaruit, Wairauit, Magnetit, Frank-
linit, Maghemit, Cubanit und die monokline 4C-Pyyrhotin-Phase.

Die Trennung von Mineralkörnern im Magnetfeld gelingt nur, wenn
sich diese in ihren magnetischen Eigenschaften genügend unterscheiden. Nur dann ergeben sich unterschiedlich große mechanische Kräfte des Magnetfeldes, die bewirken, daß die Körner auch unterschiedliche Bewegungen ausführen. Diese mechanischen Kräfte des Magnetfeldes, die auf einen abzutrennenden m a g n e t i s c h e n Körper einwirken, müssen dabei in einem gewissen Arbeitsbereich eines
"Magnetscheiders" g r ö ß e r sein als die Summe der jeweils entgegengesetzt gerichteten Kraftkomponenten (Schwerkraft, Trägheit,
Reibung), während für die unmagnetischen Körner die magnetischen
Kräfte kleiner sein müssen. Eine magnetische S o r t i e r u n g
ist n u r in einem i n h o m o g e n e n Feld möglich,weil nur
dort t r a n s l a t o r i s c h e Kräfte auftreten; in einem homogenen Feld wirkt lediglich ein Drehmoment auf das Mineralkorn
und orientiert es in Feldrichtung, ohne es weiter zu bewegen.

Eine Fraktionierung von Mineralkörnern nach ihren Suszeptibilitäten ist auch n u r in einem i s o d y n a m i s c h e n Feld
möglich. Ein solches Feld ist dadurch definiert, daß in ihm an jedem Raumpunkt das Produkt

$$\mu_o \cdot H \cdot grad\ H = const$$

ist. (μ_o ist die Induktionskonstante, H ist die Feldstärke, gradH
ist die Änderung der Feldstärke an einem bestimmten Punkt ihres
Vektorfeldes in Richtung der Normalen an die Äquipotentialfläche
nach der Seite zunehmender H - Werte.) D i e s e Bedingung ist

n u r bei dem von S.G.FRANTZ in den U.S.A. gebauten "Isodynamic-Magnetscheidern" erfüllt, n i c h t jedoch bei allen in der Technik gebräuchlichen Magnetscheidern, bei denen das Produkt H · grad H in der Richtung der Kraftwirkung z u n i m m t .

Eine weitere Besonderheit isodynamischer Felder ist, daß sich nur bei ihnen die Korngrößenverteilung nicht auf die Trennergebnisse auswirkt. Trotzdem ist es auch bei der Gesteinsaufbereitung z w e c k m ä ß i g e r , Fraktionen mit e n g e n   K o r n - g r e n z e n zu benutzen.

6.2 Bau und Gebrauch des FRANTZ-Isodynamic-Magnetscheiders

Das Gerät besteht im wesentlichen aus einem Elektromagneten, dessen Polschuhe so geformt sind, daß zwischen ihnen ein langer offener Luftspalt vorhanden ist, der sich nach einer Seite hin zunehmend verbreitert. In diesem Luftspalt befindet sich eine herausnehmbare "Schurre" (Rinne) aus unmagnetischem Material, die in Schwingungen von regelbarer Amplitude versetzt werden kann. Diese Schurre einschließlich des Magnetsystems kann in Längs- und Querrichtung g e n e i g t und es kann der jeweilige Neigungswinkel abgelesen werden. Die zu trennenden Körner werden durch einen aufschraubbaren Trichter auf die Schurre gegeben.

Die Form der Polschuhe ist so berechnet, daß μ_0 · H · grad H im Luftspalt konstant ist. Für die auf ein Mineralkorn wirkende magnetische Kraft F_m gilt dann

$$F_m = C \cdot \chi \cdot I^2 \cdot V ,$$

wobei I = Erregerstromstärke, C = Konstante, χ = Suszeptibilität und V = Kornvolumen ist.

Infolge der Q u e r n e i g u n g   ß der Schurre ergibt sich eine S c h w e r k r a f t - Komponente G':

$$G' = \chi \cdot V \cdot g \cdot \cos ß ,$$

die der magnetischen Kraft entgegengerichtet ist (g = Gewicht des Korns). Ist G' > F_m , so bewegen sich die Körner zur tieferen Seite der Schurre, ist G' < F_m , so bewegen sie sich zur höheren Seite. Bei festgelegter Querneigung und einer bestimmten, einstellbaren Erregerstromstärke hängt die Einordnung der Mineralkörner auf der Schurre n u r von ihrer Suszeptibilität ab !

Am Austragsende ist die Schurre in Längsrichtung durch eine Mittelrippe geteilt, so daß zwei Suszeptibilitäts-Klassen, die m a g - n e t i s c h e und die u n m a g n e t i s c h e Fraktion

g e t r e n n t in abnehmbaren Bechern aufgefangen werden können.
Durch s y s t e m a t i s c h e Veränderung der Erregerstromstär-
ke kann also eine Probe in mehrere Suszeptibilitäts-Klassen zer-
legt werden. Die beiden w i c h t i g s t e n Einstellungen am
Gerät sind also die Querneigung ß und die Erregerstromstärke I .
Die Längsneigung und die Schwingungsamplitude bestimmen nur die
Fördergeschwindigkeit der Schurre bzw. die Dauer der Trennung.

Achten Sie beim Arbeiten mit diesem Gerät auf folgende Punkte:

a) M e i d e n Sie unter allen Umständen die Nähe des in Betrieb
   befindlichen Gerätes, wenn Sie einen H e r z s c h r i t t -
   m a c h e r tragen !

b) Tragen Sie k e i n e U h r , weil sehr starke Magnetfelder
   auftreten, die für die meisten Uhren schädlich sind ! Vermeiden
   Sie auch den Gebrauch von Nickelspateln, Schraubenziehern, Ta-
   schenmessern und ähnlichen Werkzeugen, weil diese vom Magneten
   ebenso rasch wie stark angezogen werden !

c) Überzeugen Sie sich w i e d e r h o l t davon, daß der Füll-
   trichter f e s t angeschraubt ist und sich auch nicht durch
   die Schwingungen der Schurre l o c k e r t ! Füllen Sie diesen
   Trichter n i c h t z u v o l l ! Besonders feinkörniges Material verhält sich bei Schwingungen oft wie eine leichtbeweg-
   liche Flüssigkeit: Es schwappt über den Trichterrand !

d) Überzeugen Sie sich v o r jeder Trennung ganz gründlich davon,
   daß weder in der Schurre noch an den Polschuhen im Luftspalt
   ferromagnetische oder sehr stark paramagnetische Mineralkörner
   von vorausgegangenen Trennungen anhaften ! Sie könnten zu groben Irrtümern und Verfälschungen führen ! Nehmen Sie die Schurre heraus,und reinigen Sie den Luftspalt, am besten mit einer
   Hühnerfeder oder mit einem langen weichen Pinsel !

e) Trennen Sie v o r der eigentlichen Magnetscheidung a l l e
   f e r r o - magnetischen Körner (Magnetit, aber auch Eisenspäne
   vom Hammer, Brecher, den Siebrahmen) nach der in 6.3.1 gegebenen Vorschrift g a n z s o r g f ä l t i g ab ! Auch nur
   einige w e n i g e derartige Körner b l o c k i e r e n den
   Materialfluß in der Schurre, führen rasch zu ihrer Verstopfung
   und zum Überlaufen und damit zu Materialverlusten, zur Ver-
   schmutzung des Gerätes und unnötigen Wiederholung der Trennung !

f) Achten Sie darauf, daß Ihre Probe frei von F u s s e l n , Staub
   und ü b e r g r o ß e n Körnern ist ! "Fusseln" sind z.B.

Pinselhaare, Papier- oder Textilfasern;sie verstopfen den Trichter. Staub führt zu elektrischen Aufladungen und verschlechtert
ebenso wie Überkorn die Trennungen.

g) Lassen Sie das Gerät nicht unnötig bzw. leer laufen ! Geben Sie
regelmäßig neues Material nach, aber überzeugen Sie sich dabei
auch vom ordnungsgemäßen Ablauf der Trennung ! Der D u r c h -
s a t z hängt außer von der Längsneigung und Schwingungsamplitude auch vom Gehalt Ihrer Probe an stärker magnetischen Körnern ab.

h) Beachten Sie, daß der Durchmesser der zu trennenden Körner nicht
über 630 μm = 0.6 mm und nicht unter 45 μm liegen sollte ! Je
enger begrenzt die Körnung ist, umso sauberer verläuft ihre
Trennung.

i) Normalerweise beträgt die Querneigung der Schurre 20° , die
Längsneigung 30° und der Durchsatz pro Minute 1 cm^3. Bei stei-
lerer Längsneigung purzeln die bereits getrennten Körner leicht
wieder durcheinander, bei zu geringer Längsneigung fließen feine Kornfraktionen zu langsam oder überhaupt nicht mehr. Bei zu
starker Querneigung werden die Trennungen unscharf. Das Optimum
ist für jedes Material und jede Korngröße leicht empirisch zu
ermitteln.

k) Reinigen Sie das Gerät, die benützten Behälter und den Arbeitsplatz s o f o r t nach Beendigung der Magnetscheidungen ! Ver-
anlassen Sie bei Defekten eine umgehende Reparatur !

6.3 Ausführung von Magnetscheidungen

6.3.1 Rasche Abtrennung von Magnetit und anderen ferromagnetischen Mineralen oder Verunreinigungen der Probe

Anleitung: Nehmen Sie nach dem Lösen der Befestigungsschraube
die Schurre aus dem Luftspalt ! Stellen Sie durch Drehen mit beiden
Händen die Polschuhe bzw. den Luftspalt s e n k r e c h t ! Klei-
den Sie den Luftspalt in seiner ganzen Länge beidseitig mit einem
g l a t t e n Papier aus, das mittels Tesafilm o.ä. befestigt
wird ! Schalten Sie eine möglichst geringe Stromstärke ein ! (0.1
Amp. genügt !). Stellen Sie eine größere Porzellanschale unter das
Ende des Luftspaltes ! Lassen Sie die Probe mittels eines Plastik-
trichters, dessen Ablaufrohr breitgedrückt wurde, zügig und frei
durch den Luftspalt nach unten in die Schüssel fallen !
Ferromagnetische Minerale oder Verunreinigungen haften am Pa-

pier, so daß die Probe schon beim ersten Durchgang weitgehend von ihnen befreit wird. Stellen Sie nun eine a n d e r e Porzellanschale unter den Luftspalt und schalten Sie jetzt erst den Strom ab ! Die ferromagnetischen Körner lösen sich vom Papier und fallen hinunter in die Schale. Wiederholen Sie den Vorgang mit derselben Probe, bis sie wirklich völlig frei von ferromagnetischen Körnern ist ! Lassen Sie auch die magnetische Fraktion noch zweimal durchlaufen, um eingeschlossene nicht-ferromagnetische Körner zu befreien !

6.3.2 Rasche Gewinnung der diamagnetischen Minerale

Anleitung: Nehmen Sie die Schurre nach dem Abschrauben aus dem Luftspalt ! Stellen Sie den Luftspalt bzw. die Polschuhe n i c h t g a n z   s e n k r e c h t , sondern mit jeweils etwa 2 bis 5^{0} Quer- u n d Längsneigung ein ! Stecken Sie einen Plastiktrichter so in den Luftspalt, daß seine Öffnung in der Vorderfläche der Polschuhe liegt ! Bringen Sie am unteren Ende des Luftspaltes einen geeigneten P r o b e n t e i l e r (z.B. aus festem,glatten Karton) und zwei Auffanggefäße an ! Schalten Sie eine möglichst hohe Stromstärke (mindestens 1.2 Amp.) ein ! Wiederholen Sie die Trennung !

N u r diamagnetische Körner werden im Luftspalt n i c h t durch die Polschuhe abgelenkt und fallen gerade nach unten. Je stärker paramagnetisch die Körner sind, umso mehr werden sie auf die Innenseite des Luftspaltes gezogen. Nach dem Entfernen des untergestellten Auffanggefäßes mit der unmagnetischen Fraktion fallen die paramagnetischen Körner bei zwischenzeitlichem Abschalten auch vollständig nach unten in ihren Auffangbehälter. Diese Art der Trennung ist besonders empfehlenswert , wenn große Probemengen (bis zu 20 kg pro Tag) oder Proben mit sehr hohem Gehalt an diamagnetischen Mineralen wie Quarz, Feldspäte, Calcit, also z.B. Sande, Quarzite, Gangquarze, Aplite, Kalksteine, Marmore zu trennen sind.

Wenn Sie k l e i n e   A n t e i l e   d i a - magnetischer Minerale von großen Mengen paramagnetischer Minerale trennen möchten, müßten Sie folgendermaßen vorgehen: Stellen Sie die Q u e r - Neigung nicht wie üblich nach r ü c k w ä r t s, sondern 2 bis 3^{0} nach vorwärts ! Lassen Sie die Längsneigung bei 20^{0} bis 30^{0}! Schalten Sie die Stromstärke auf mindestens 1.2 Ampère ! Diese Methode bringt Vorteile bei der Nachreinigung von Biotit-, Amphibol-,Pyroxen- und Omphacit-Konzentraten.

6.3.3 Anleitung zur Zerlegung eines Mineralgemenges in "magnetische" und "unmagnetische" Fraktionen

Betrachten Sie unter der Binokularlupe die verschiedenen, eng
klassierten, bereits von Staub, Fusseln und Feinstanteilen befreiten Kornfraktionen aus dem Bereich von etwa 45 µm bis 630 µm ! Wählen Sie zur Magnetscheidung diejenige Körnung aus, bei der am wenigsten oder g a r k e i n e V e r w a c h s u n g e n mehr
vorliegen ! Legen Sie sich eine "Tüpfelplatte" (= Porzellanplatte
mit 3 x 4 Vertiefungen) bereit ! Geben Sie von der gewählten Körnung eine kleine Menge (etwa 1 cm^3) in den Trichter des Magnetscheiders,und lassen Sie diese bei mäßiger Schwingungsamplitude,
10° Querneigung (nach rückwärts) und 20° Längsneigung bei einer zunächst möglichst geringen Stromstärke in die beiden sauberen Auf-
fangbecher laufen ! Falls ferromagnetische Gemengteile störend wirken: Trennen Sie diese in der bei 6.3.1 beschriebenen Weise sofort
aus der g e s a m t e n Kornfraktion ab ! Schalten Sie die Rüt-
telvorrichtung aus ! Geben Sie die erhaltene "magnetische" und "unmagnetische" Fraktion in zwei n e b e n e i n a n d e r liegende
Vertiefungen der Tüpfelplatte und betrachten Sie beide unter der
Binokularlupe ! Es können d r e i Fälle auftreten:

1.Fall: Es hat keine oder noch keine wesentliche Trennung stattgefunden. In beiden Fraktionen finden sich dieselben Mineralarten
im gleichen oder einem sehr ähnlichen Mengenverhältnis.

2.Fall: In der magnetischen Fraktion ist eine oder sind mehrere
Mineralarten deutlich erkennbar a n g e r e i c h e r t . An diesen Mineralarten ist die unmagnetische Fraktion ebenfalls erkennbar
verarmt, aber eine vollständige, saubere Trennung hat noch nicht
stattgefunden.

3.Fall: Die magnetische Fraktion besteht aus einer oder mehreren
Mineralarten, die in der unmagnetischen Fraktion nicht mehr auftreten. Es liegt also bereits eine vollständige Trennung vor.

Danach richtet sich, nachdem Sie die Versuchsbedingungen und Ergebnisse notiert haben, Ihr weiteres Vorgehen:

In den Fällen 1 und 2 vereinigen Sie die beiden Fraktionen wieder und geben Sie zurück in den Trichter; im Fall 3 geben Sie nur
die unmagnetische Fraktion zurück. Nun erhöhen Sie die Stromstärke
g e r i n g f ü g i g : Beim 1.Fall nur um 0.05 Amp., in den ande-
:ren beiden Fällen um 0.1 bis 0.2 Amp. Schalten Sie die Rüttelvor-
richtung wieder ein,und versuchen Sie eine Trennung unter den neu-

en Bedingungen ! Betrachten Sie wieder die in Vertiefungen der
Tüpfelplatte gegebenen Fraktionen ! Arbeiten Sie in dieser Weise
weiter, bis Sie **Ihre** Probe vollständig in Einzelmineral- o d e r
mit dem Magnetscheider offensichtlich nicht mehr weiter trennbare
S a m m e l - Fraktionen zerlegt haben ! Ein Blick auf die Tüpfelplatte zeigt Ihnen, mit w i e v i e l e n und mit w e l c h e n
Mineralarten Sie es in Ihrer Probe zu tun haben und erlaubt auch
bereits eine Abschätzung der Mengenverhältnisse. Aus Ihren Notizen
sollte der optimale magnetische Trennungsgang für die Hauptmenge
Ihrer Probe klar hervorgehen. Liegen unbekannte Minerale vor, so
bietet sich in diesem Stadium bei den transparenten Mineralen eine
polarisationsmikroskopische Bestimmung an, bei den opaken Mineralen führt die Röntgenbeugungsanalyse rascher zur Bestimmung. Die
qualitative Zusammensetzung der unbekannten Minerale kann in beiden
Fällen am einfachsten durch eine Tüpfelanalyse oder Emissions-
Spektralanalyse erschlossen werden.

Falls eine magnetische Trennung der aus mehreren Mineralarten
mit sehr ähnlichen oder identischen Suszeptibilitäten bestehenden
Fraktionen nicht gelingt, auch nicht durch Variationen der Quer-
und Längsneigung und durch noch so feine Einstellung der Stromstärke -was leider recht oft der Fall ist-, ist selbstverständlich Ihr
Trennproblem noch nicht gescheitert ! Je nach der Art der vorliegenden Minerale stehen zur weiteren Trennung die Dichtesortierung,
Flotation, selektive Auflösung in einem geeigneten Lösungsmittel
oder das Auslesen unter der Binokularlupe (eventuell im UV-Licht)
zur Verfügung.

Erfahrungsgemäß besitzen die langsam abgekühlten Minerale von
Plutoniten einen sehr engen Zusammensetzungsbereich und dementspre-
chend **nur** eine ganz geringe Streuung der Suszeptibilitäten; bei
Vulkaniten und auch bei vielen Metamorphiten sind die Schwankungen
in der Zusammensetzung und im magnetischen Verhalten i.a.viel grö-
ßer.Bei Sedimenten, speziell bei der Abtrennung von Schwermineralen
aus Sanden, hat sich die von HESS angegebene Einteilung in 6 Gruppen bewährt, die Sie in der folgenden Tabelle 9 finden.

Große Schwierigkeiten bereiten bei der Magnetscheidung, aber
a u c h bei allen a n d e r e n Trennverfahren die sog. M i t -
t e l p r o d u k t e . Es sind dies sehr feinkörnige und innige,
oft sogar orientierte V e r w a c h s u n g e n von 2 oder 3, selten mehr, Mineralen mit unterschiedlicher Genese: Produkte von

Tabelle 9 : Gruppeneinteilung der häufigsten Schwerminerale in Sedimenten nach ihrer Massensuszeptibilität (nach HESS)

	Querneigung 20°			Querneigung 5°	
A	B	C	D	E	F
Handmagnet	magnetisch bei 0.4 Amp.	magnetisch bei 0.8 Amp.	magnetisch bei 1.2 Amp.	magnetisch bei 1.2 Amp.	unmagnetisch bei 1.2 Amp.
Magnetit	Ilmenit	Hornblende	Diopsid	Titanit	Zirkon
Pyrrhotin	Granat	Hypersthen	Tremolit	Leukoxen	Rutil
	Olivin	Augit	Enstatit	Apatit	Anatas
	Chromit	Aktinolith	Spinell	Andalusit	Brookit
	Chloritoid	Staurolith	Muskovit	Monazit	Pyrit
	Hämatit	Epidot	Zoisit	Xenotim	Korund
		Biotit	Klinozoisit		Topas
		Chlorit	Turmalin		Fluorit
		Schörl			Kyanit
					Sillimanit
					Anhydrit
					Beryll
					Diamant

Entmischungen oder einer Entglasung, nicht weitergewachsene Produkte von Mineralreaktionen während der Metamorphose, Wechsellage-
rungsminerale, zufällig gleichzeitig aus einer Lösung ausgeschie-
dene Kristallarten. Sie sind meist mit keiner Methode trennbar und
es lohnt sich auch kaum, eine Trennung zu versuchen. Es ist schon
viel erreicht, wenn es gelingt, diese Mittelprodukte in Form einer
eigenen Fraktion zu gewinnen und von anderen Mineralen der Paragenese zu trennen.

6.3.4 Anleitung zur Bestimmung der Massensuszeptibilität von Mineralen

Da bei manchen selteneren Mineralen, insbesondere solchen, die
erst im Laufe einer Untersuchung interessant werden, die Massen-
suszeptibilitäten oft nicht aus Tabellen oder Nachschlagewerken
entnommen werden können, vor allem nicht für spezielle Zusammensetzungen, ist es oft notwendig, sie vor oder während der Ausarbei-
tung eines Aufbereitungsplanes s e l b s t zu bestimmen. Dies
ist mit Hilfe des FRANTZ-Magnetscheiders nur möglich für dia- und
paramagnetische Minerale:

Stellen Sie bei konstanter Längsneigung und Schwingungsamplitude und bei unterschiedlichen, vorgegebenen Querneigungen fest, bei
w e l c h e r S t r o m s t ä r k e das betreffende Mineral
gerade in die "magnetische" Fraktion geht ! Setzen Sie Ihre Meßwerte in die folgende Gleichung ein:

$$\chi = \frac{2 \cdot \sin X}{I^2} \cdot 10^{-5}$$

χ ist der Mittelwert der Massensuszeptibilität, X = der Winkel
der Querneigung, I = Erregerstromstärke.

6.4 Fragen zur Magnetscheidung

27. In einer Glasfabrik wird beobachtet, daß im Glas ganz verein-
zelt Einschlüsse von Chromit ($\emptyset$ etwa 0.2-0.8 mm) auftreten,
die trotzdem die ganze Tagesproduktion unbrauchbar machen. Es
wird vermutet, daß der Chromit in einer glasigen Hochofen-
schlacke enthalten ist, die dem Gemenge zugegeben wird. Welches Aufbereitungsverfahren schlagen Sie für diese Hochofen-
schlacke (Korngröße 0 - 2 mm) vor? Aus 100 kg Schlacke können
bestenfalls einige wenige Chromitkörner isoliert werden! Was
tun Sie als erstes, was als zweites und was als drittes ?

6.5 Literatur zur Magnetscheidung

AKIMOTO,S.: Magnetic susceptibility of ferromagnetic minerals contained in igneous rocks. Journ.Geomagnet.Geoelectricity 3 (1951) 47 - 58

AKIMOTO,S. et al.: Magnetic properties of the $TiFe_2O_4-Fe_3O_4$-system and their change with oxidation. Journ.Geomagnet.Geoelectricity 9 (1957) 165 ff.

AKIMOTO,S. et al.: Magnetic susceptibility of orthopyroxenes. Journ.Geomagnet.Geoelectricity 10 (1958) 7 - 11

ANDRES,U. et al.: Magnetohydrostatic separation. J.Appl.Mech. tech.Phys. 7 (No.3) (1966) 1o9 - 112

ANGUS,R.R.: Ionic diamagnetic susceptibilities. Proc.Roy.Soc.London A 136 (1932) 569 - 578

BOCK,W.: The oxides of iron and their thermomagnetic properties. Pennsylvania Acad.Sci.Proc. 28 (1954) 143 - 172

BOUVIER,G. et al.: Magnetische Suszeptibilität von Chromiten. Ber.Dtsch.Keram.Ges. 43 (1966) 23 - 25

BUIST,D.S.: The determination of the rutile content of beach sands from Moana, South Australia, using the Frantz Isodynamic separator. Jour.Sedim.Petrol. 33 (1963) 799 - 8o1

CHEVALLIER,R.,S.MATTHIEU: Susceptibilité magnétique spécifique des pyroxènes monocliniques. Bull.Soc.Chim.Franc.,5(1958)726-729

EVANS,R.C.: An electromagnetic separator for mineral powders. Miner.Mag. 25 (1939) 474 - 478

FLINTER,B.H.: The magnetic separation of some alluvial minerals in Malaysia. Amer.Mineralogist 44 (1959) 738 - 742

FORRER,R.,P.MAECHLER: Analyseur pour substances paramagnetiques. Journ.de Physique et le radium physique applique 23 (1962)Suppl. 12, 2o7 A - 211 A

FRANTZ,S.G.: Instructions for installing and operating the Frantz Isodynamic Separator. Trenton,N.J. (1963)

FROST,M.L.: Magnetic susceptibility of garnet. Miner.Mag. 32 (196o) 573 - 576

GAUDIN,A.M.,H.R.SPEDDEN: Magnetic separation of sulfide minerals. Trans.A.I.M.M.E. 153 (1943) 563 ff.

GREENE,G.M.,L.E.CORNIIIUS: A technique for magnetically separating minerals in a liquid mode. Jour.Sedim.Petrol. 41(1971) 310 - 312

HALLIMOND,A.F.: An electromagnetic separator for mineral powders. Miner.Mag. 22 (1930) 377 - 379

HESS,H.H.: Notes on operation of Frantz Isodynamic magnetic separator. Instrument instruction booklet of S.G.Frantz Co.,Inc. (1956)

HOOD,W.C.,R.L.CUSTER: Mass magnetic susceptibilities of some trioctahedral micas. Amer.Mineralogist 52 (1967) 1643 - 1647

KNEUPER,G.: Ein Taschen-Magnetscheider. Glückauf 93 (1957) 454 - 455

KRUGLYAKOVA,G.I.: On the magnetic properties of minerals. S.435- 450 in: BATrEY,M.H.,S.I.TOMKEIEFF(edit.): Aspects of theoretical mineralogy in the U.S.S.R. (1964) Oxford: Pergamon Press

LANGE,H.,F.WIEDEMANN: Zur Gewinnung reiner Mineralfraktionen aus Gesteinen und den dabei möglichen Aussagen über die quantitative Zusammensetzung einzelner Gesteinstypen. Bergakademie 14 (1962) 431 - 439 und 511 - 524

LEWIS,R.R.,F.E.SENFTLE: The source of ferromagnetism in zircon. Amer.Mineralogist 51 (1966) 1467 - 1472

LINDSLEY,D.H. et al.: Magnetic properties of rocks and minerals. Sect.25 in: Handbook of physical constants, Rev.edit.(1966),Geol. Soc.America Memoir 97

LUMPKIN,G.R.,A.ZAIKOWSKI: A method for performing magnetic mineral separations in a liquid medium. Amer.Mineralogist 65 (1980) 39o - 392

MATHISRUD,G.C.: Magnetic separations in petrography. Amer.Mineralogist 27 (1942) 629 - 637

McANDREW,J.: Calibration of a Frantz Isodynamic separator and its application to mineral separation. Proc.Australasian Inst.Mining and Metall., No.181 (1957) 59 - 73

MOSKOWITZ,R.: Ferrofluids: Liquid Magnetics. Inst.Electrical and Electronics Eng.Spectrum 12 (1975) 53 - 57

MÜLLER,G.: Die magnetische Trennung, S.134 - 140 in: Methoden der Sedimentuntersuchung (1964) Stuttgart: Schweizerbart'sche Verl.B.

MULHERN,P.J. et al.: A technique for the magnetic separation of silt-sized sediments. Jour.Sedim.Petrol. 51 (1981) 672 - 674

NAGATA,r. et al.: On the magnetic susceptibility of olivines. Journ.Geomagnet.Geoelectricity 9 (1957)

PETERS,Tj.,H.WÜTHRICH: Magnetische Trennung von Tonmineralien. Eclogae Geol.Helvet. 56 (1963) 113 - 117

POWELL,H.E.,C.K.MILLER: Magnetic susceptibility of siderite.
U.S.Bur.Mines, Rept.Invest. 6224 (1963) 19 p.
POWELL,H.E.,L.M.BAUARD: Magnetic susceptibilities of group IVB,
V B and VI B metal-bearing minerals. U.S.Bur.Mines Inform.Circ.
8360 (1968) 9 pp.
POVARENNIKH,A.S.: On the magnetic properties of minerals. S.451-
463 in: BATTEY,M.H.,S.I.TOMKEIEFF(edit.): Aspects of theoretical
mineralogy in the U.S.S.R. (1964) Oxford: Pergamon Press
PRYOR,E.J.: Chapt.19: Magnetic and electrical separation. S.571 -
599 in: Mineral Processing. 3rd edit. (1965) London: Elsevier
Publ.Comp.
RAMDOHR,P.,H.STRUNZ: Klockmanns Lehrbuch der Mineralogie,15.Aufl.
(1967) : Die magnetischen Eigenschaften , S.236 - 239 .Stuttgart:
Ferd.Enke Verlag
ROSENBLUM,S.: Magnetic susceptibilities of minerals in the Frantz
Isodynamic magnetic separator. Amer.Mineralogist 43(1958)170-173
SCHREITER,P.,H.VOLLSTÄDT: Zur Abtrennung von Titanomagnetit aus
basaltischen Gesteinen. Monatsber.Dtsch.Akad.Wissensch.Berlin
(DDR) 6 (1964) 811- 814
SCHUBERT,H.: Kap.2: Sortierung im Magnetfeld (Magnetscheidung),
S. 130 - 2o6 , in: Aufbereitung fester mineralischer Rohstoffe,
Bd.II (1967). Leipzig: VEB Deutscher Verlag für Grundstoffind.
SYONO,J.: Magnetic susceptibilities of some rock-forming silicate
    minerals such as amphiboles, biotites, cordierites and gar-
nets. Journ.Geomagnet.Geoelectricity 11 (1960) 85 - 93
THORPE,A.,F.E.SENFTLE: Absolute method of measuring magnetic sus-
ceptibility. Rev.Scient.Instruments 30 (1959) 1006 ff.
VERNON,R.H.: Magnetic susceptilility as a measure of total iron
plus manganese in some ferromagnesian silicate minerals. Amer.
Mineralogist 46 (1961) 1141 - 1153
VINCENT,H.C.C.: Mineral separation by an electro-chemical magnetic method. Nature (London) 167 (1951) 1o74

7 Flotation

Bei der Flotation oder Schaum-Schwimmaufbereitung werden die Körner einer bestimmten Mineralsorte, unabhängig von ihrer Dichte, dadurch in einer wässerigen Suspension, der "T r ü b e", zum Aufschwimmen gebracht, daß nur sie allein durch spezifische oberflächenaktive Reagentien, die "S a m m l e r", hydrophobiert (wasserabweisend gemacht) werden. Dadurch heften sie sich an Luftblasen an, die in die Trübe, meist von unten her, eingebracht werden und reichern sich in einem künstlich erzeugten,kurzlebigen Schaum an. Mit diesem Schaum, der von der Oberfläche der Trübe kontinuierlich abgestreift wird, werden sie aus der Suspension entfernt. Durch mehrfache Wiederholung des Vorganges wird der Trenneffekt verbessert.

7.1 Voraussetzungen und Anwendungen der Flotation

Wie bei allen anderen Trennverfahren müssen auch bei der Flotation die Verwachsungsverhältnisse und die Art der Zerkleinerung die Freilegung einer hinreichend großen Menge des zu gewinnenden Minerals in Form nicht zu kleiner Körner gestatten und muß die zu flotierende Probe in einem möglichst engen Korngrößenbereich vorliegen. O p t i m a l sind Korngrößen von 63 bis 125 µm ,doch sind oft noch befriedigende Trennungen im Bereich von 20 bis 63 µm oder von 200 bis 360 µm möglich. Sehr feinkörnige Paragenesen,z.B. die Grundmasse von Vulkaniten, können nicht flotiert werden.

Normalerweise wird ein im Unterschuß vorhandenes Mineral (direkte selektive Flotation) oder eine im Unterschuß vorhandene Gruppe von Mineralen (direkte kollektive Flotation) flotiert,nur ausnahmsweise ein im Überschuß vorliegendes Mineral (indirekte Flotation).

Selbst bei mehrfacher Wiederholung verläuft die Flotation im geowissenschaftlichen Labor und auch in der Technik bei komplexen Paragenesen weder quantitativ noch ergibt sie Konzentrate, die zur Analyse bereits genügend rein sind. Mineraltrennungen nach den üblichen Verfahren können jedoch durch Einschaltung von Flotationen ganz wesentlich verkürzt werden.

Fast alle Flotationen verlaufen nur dann befriedigend und störungsfrei, wenn die bei jeder Zerkleinerung unvermeidlich entstehenden "Feinstanteile" v o r der Flotation praktisch vollständig e n t f e r n t werden !

Da bei der Flotation die sonst wenig beachteten und kaum bekannten Eigenschaften der Mineral - O b e r f l ä c h e eine e n t - s c h e i d e n d e Rolle spielen und schon durch ppm-Mengen vieler Stoffe stark verändert werden, ist ein besonders sauberes und sorgfältiges Arbeiten unerläßlich.

Flotationen sind u n e n t b e h r l i c h

a) zur Trennung von Mineralen, die aufgrund s e h r ä h n l i - c h e r oder übereinstimmender physikalischer Eigenschaften wie Dichte + magnetische Suszeptibilität + Farbe mit k e i n e r a n d e r e n Methode getrennt werden können,

b) zur Gewinnung von bestimmten säureempfindlichen Mineralen aus säurelöslichen Paragenesen, z.B. von Zeolithen aus Karbonatgesteinen,

c) wenn es darauf ankommt, aus einer sehr g r o ß e n Z a h l von Proben, die im Mineralbestand ähnlich sind, e i n bestimmtes Mineral abzutrennen oder wenigstens soweit anzureichern, daß anschließend andere Trennverfahren wesentlich einfacher, billiger und schneller werden.

Eine Flotation ist oft e m p f e h l e n s w e r t

d) bei Paragenesen, die das interessierende Mineral nur in Anteilen u n t e r 1 % (bis herab zu 100 ppm) enthalten, z.B. Accessorien in nahezu monomineralischen Gesteinen,

e) bei der weiteren Trennung von (größeren) Magnetscheider-Konzentraten.

Die Flotation wird s c h w i e r i g und ist nur a u s - n a h m s w e i s e erfolgreich

f) bei Paragenesen, die aus chemisch und/oder strukturell sehr ähnlichen Mineralen bestehen, z.B. Pyroxene + Amphibole,

g) bei angewitterten oder mit Säuren bzw. Chemikalien vorbehandelten Proben,

h) bei praktisch allen S e i f e n.

Die Flotation ist u n z w e c k m ä ß i g

i) wenn die Proben mit anderen Verfahren einfacher zu trennen sind,

k) wenn es sich um stark verwittertes, z.B. mit Eisenhydroxiden, Ton- oder Sekundärmineralen imprägniertes Material handelt,

l) wenn die Korngröße aller Gemengteile durchwegs u n t e r etwa 40 μm liegt und/oder wenn entsprechende feine Verwachsungen vorliegen,

m) wenn die Proben mit Schwerflüssigkeiten oder mit Öl(Erdöl)

oder mit Kraftstoff oder mit oberflächenaktiven Stoffen verunreinigt worden sind oder merkliche Mengen von Humusstoffen oder
Bitumen enthalten.

7.2 Einflüsse auf die Flotierbarkeit von Mineralen

Die Flotation e i n e s einzigen bestimmten Minerales aus einer Vergesellschaftung mit v i e l e n anderen Mineralen ist nur
möglich durch bewußte, geschickte Ausnützung der U n t e r -
s c h i e d e des Verhaltens aller beteiligten Minerale gegenüber
dem gewählten S a m m l e r bzw. Reagentienregime. Die Kenntnis
dieses Verhaltens ist somit die wichtigste Voraussetzung für eine
erfolgreiche Flotation.

Die meisten Sammler sind schwache Säuren oder Basen oder deren
Salze. Sie bestehen im Prinzip fast immer aus einem großen, meist
gestreckt gebauten, u n p o l a r e n Kohlenwasserstoff-Rest, der
die Hydrophobierung bewirkt und einer kleinen p o l a r e n Gruppe oder "Funktion", die für die Anlagerung an die Mineraloberfläche
sorgt. Der Aufbau solcher i o n a r e n Sammler und die wichtige
Unterscheidung zwischen a n i o n - und k a t i o n a k t i v e n
Sammlern ist aus dem folgenden Bild ersichtlich.

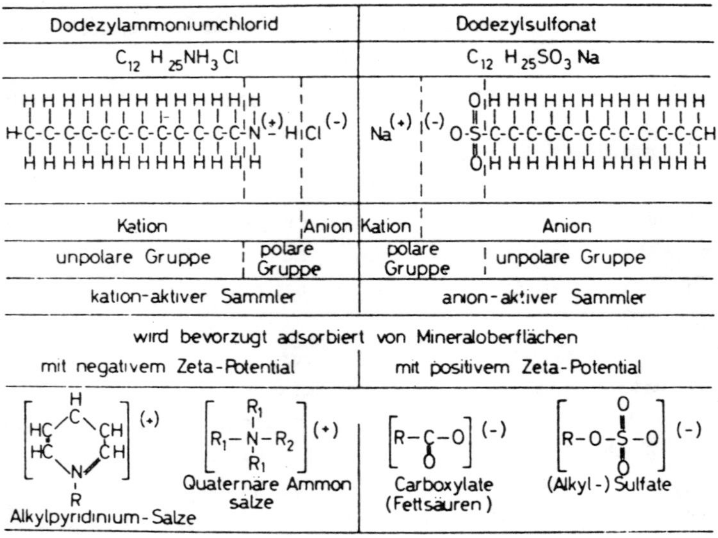

Abb. 4 : Aufbau und Beispiele ionogener Sammler

Wenn auch keineswegs immer, so doch sehr häufig sind die hydrophobierenden Spezies I o n e n , und für deren Adsorption ist die
L a d u n g der Mineraloberfläche ausschlaggebend. Aussagen über
Vorzeichen und Betrag dieser Ladung, über die elektrische Doppel-
schicht um die Mineralkörner und deren Veränderungen durch alle in
der Flotationstrübe zwangsläufig vorhandenen oder absichtlich zugesetzten Ionensorten erhält man aus Messungen der Z e t a - P o -
t e n t i a l e in Abhängigkeit von den Konzentrationen der betreffenden Ionensorten. Die Grundlagen dieser Messung und ihre Ergebnisse an rd. 100 häufigen Mineralen mögen dem im Literaturver-
zeichnis aufgeführten Buch des Verfassers entnommen werden. Eine
Vorstellung davon, wie sich das Zeta-Potential und mit ihm Vorzeichen und Betrag der auf allen Körnern derselben Mineralsorten
gleichartigen elektrischen Ladung durch zugesetzte Ionen bzw. Sammler verändern, geben die folgenden Diagramme:

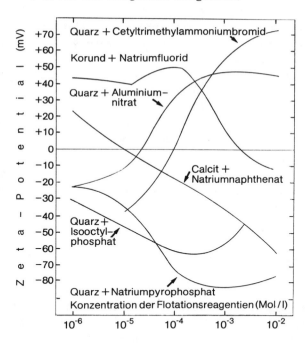

Abb. 5 :

Änderung der Zeta-Potentiale von Quarz, Korund und Calcit durch Flotationsreagentien in Abhängigkeit von deren Konzentration. Vergleichen Sie bitte mit dem folgenden Bild !

Die w i c h t i g s t e E i n f l u ß g r ö ß e ist aber
aus folgenden Gründen der pH - W e r t :

a) Bei sehr vielen, insbesondere oxidischen und silikatischen Mineralen können Hydroxyl- oder Hydronium-Ionen potentialbestimmend
   sein, d.h., das Vorzeichen des Zeta-Potentiales bzw. der Ladung
   der Mineraloberfläche hängt n u r vom pH-Wert ab.

b) Viele Minerale werden bei hinreichend niederem o d e r hohem
   pH - Wert zersetzt, a u f g e l ö s t .

c) Bei den i o n o g e n e n Sammlern bestimmt der vorgegebene
   pH - Wert das Dissoziations- und Hydrolysen-Gleichgewicht und
   entscheidet damit über die Art u n d Konzentration der hydrophobierenden Spezies.

d) Die hydrophobierenden Reaktionsprodukte der Sammler(-Ionen) mit
   Bestandteilen der Mineraloberflächen sind nur innerhalb bestimmter pH - Bereiche b e s t ä n d i g oder ihre Wirkung und
   Schwerlöslichkeit hängt vom Einbau von Hydroxyl-Ionen ab, so daß
   bei zu hohem oder zu niederem pH - Wert entweder keine Hydrophobierung mehr stattfindet oder eine bereits vorhandene wieder
   aufgehoben wird.

Die Abhängigkeit der Zeta-Potentiale einer Mineralart vom pH -
Wert bzw. der Konzentration einer zugesetzten Säure oder Base, im
folgenden kurz als "pH / ZP - Kurve" bezeichnet, läßt deshalb bei
vielen Mineralen auf den ersten Blick erkennen, in w e l c h e n
pH - Bereichen sie aufgrund des Vorzeichens ihrer überwiegenden
Ladung auf jeden Fall mit einem geeigneten e n t g e g e n g e -
s e t z t g e l a d e n e n S a m m l e r - I o n (anion -
o d e r kationaktiver Sammler !) f l o t i e r t werden können
und in welchen pH - Bereichen dies nicht oder wenig wahrscheinlich
sein wird. Das o b e r e Bild auf der nächsten Seite zeigt Ihnen
einige solcher pH/ZP-Kurven von Mineralen.

Da Zeta-Potential-Messungen k e i n e A u s k u n f t darüber geben können, ob überhaupt eine Hydrophobierung stattgefunden
hat und wie intensiv bei erfolgter Adsorption des Sammlers die Hydrophobierung ist und sie auch nicht den Nachweis einer neutralen
und trotzdem hydrophobierenden Molekülsorte erlauben, müssen mit
dem geeignet erscheinenden Sammler -natürlich nur, soweit es darüber noch keine Angaben gibt !- zusätzlich Flotations - V e r s u -
c h e durchgeführt werden, um die o p t i m a l e n Bedingungen
für die Flotation des interessierenden Minerales aufzufinden.

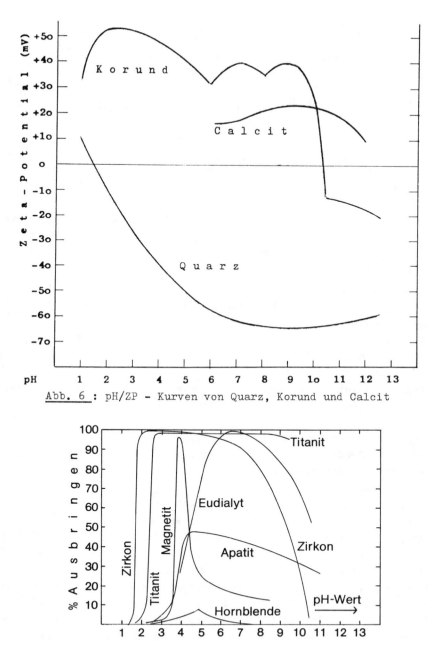

Abb. 6 : pH/ZP - Kurven von Quarz, Korund und Calcit

Abb. 7 : Ausbringen einiger Minerale bei der Flotation mit 15 mg Isooctylphosphat / Liter, in Abhängigkeit vom pH - Wert

Das u n t e r e Bild auf der vorhergehenden Seite zeigt einige
Ergebnisse solcher Versuche.

Angaben über das Verhalten von Mineralen bei der Flotation sind
im Schrifttum weit verstreut (aber kaum in geowissenschaftlichen
Zeitschriften auffindbar!), sind jedoch oft widersprüchlich oder
unklar. In **der** angegebenen Literatur sind g e n ü g e n d viele
Hinweise und Vorschriften zu finden. Wer also die Flotation als
Hilfsmittel für die Gesteinsaufbereitung benützen will, muß ihr
weder langwierige Zeta-Potential-Messungen vorausgehen lassen noch
die geeigneten Reagentien und pH-Werte selbst erst mühsam oder
auf's neue herausfinden, aber es bleibt ihm manchmal nicht erspart,
mit Hilfe von Literaturangaben und einigen w e n i g e n V o r -
v e r s u c h e n für seinen speziellen Fall einen gangbaren oder
den optimalen Weg herauszuarbeiten.Dabei sollten jedoch der im folgenden dargelegte "Flotative Trennungsgang" und die "Allgemeinen
Arbeitsregeln" berücksichtigt werden !

7.3 "Flotativer Trennungsgang"

Bei j e d e r Flotation reihen sich die folgenden Vorgänge
hintereinander:

Erzeugung f r i s c h e r Oberflächen (Brechen,Naßmahlung),
Herstellen einer Trübe mit bekanntem Feststoffgehalt,
Entfernen der "Feinstanteile",
"Konditionieren" der Trübe: Einmischen der Flotationsreagentien
    in bestimmter Reihenfolge,Menge bzw.Konzentration und Ein-
    wirkdauer,
Zugabe des "Schäumers",
"Belüften" der Trübe und Erzeugen eines "Dreiphasenschaumes",
Abstreifen des Schaumes in eine Auffangschüssel von Hand: Dies
    das eigentliche "Flotieren" !
Absaugen und Auswaschen des Konzentrates und Rückstandes,
mikroskopische Prüfung des Konzentrates und Rückstandes,
gründliches Reinigen aller benützten Geräte .

Das Konditionieren und Belüften erfolgt unter ständigem Rühren in
durchsichtigen Kunststoffzellen von 0.8 bis 6 Liter Inhalt mit Hilfe
spezieller, handelsüblicher Laborflotmaschinen. Dem Vorteil geringer Störanfälligkeit stehen bei diesen der unangemessen hohe Preis
und die meist hinsichtlich der Verunreinigung der Proben durch Metallabrieb oder verschleppte Probenreste nicht sehr zweckmäßige
Bauweise als Nachteile gegenüber. Abhilfe durch Eigenbau eines

Gerätes unter Verwendung eines billigeren Rührmotors ist durchaus
möglich, besonders wenn auch Druckluft zur Verfügung steht.

Die Zahl der tatsächlich benötigten Flotreagentien ist relativ
gering. Ihr Preis (oft sind es kostenlose Firmenmuster) und auch
ihr eventueller (meist sehr geringer) Gehalt an Spurenelementen
fällt in Anbetracht der äußerst geringen Mengen, die benötigt werden, überhaupt nicht ins Gewicht. Ihre Anwendung und auch die Erzeugung eines "Dreiphasenschaumes" ist selbstverständlich etwas
Erfahrungssache, aber durchaus erlernbar.

Es gibt k e i n e n S a m m l e r , der n u r f ü r e i n
bestimmtes Mineral spezifisch wäre. Die meisten Minerale lassen
sich in 6 Gruppen unterbringen, deren Glieder entweder unter gewissen Bedingungen mit ein und demselben Sammler flotierbar sind
oder die ähnliche chemische Eigenschaften besitzen. Durch die Auf-
einanderfolge dieser Gruppen wird ein "flotativer Trennungsgang"
festgelegt. Es hängt jedoch ganz von der Art sowohl des interessierenden Minerales als auch seiner Begleiter und von ihren Mengen-
verhältnissen ab, o b und i n w i e w e i t dieser Trennungsgang eingehalten werden muß. Aus den im folgenden angegebenen
Gründen m u ß eine im Trennungsgang o b e n stehende Gruppe mit
der für sie in Frage kommenden Reagentienkombination v o r den
darunter stehenden Gruppen abgetrennt werden:

1. Ihre Glieder würden a u c h mit einer anderen Reagentienkombination mehr oder weniger vollständig z u s a m m e n
   mit den Mineralen der betreffenden anderen Gruppe ausschwim-
   men.

2. Die hier gewählte Reihenfolge entspricht einer allmählichen
   Veränderung des pH-Wertes der Trübe, ausgehend von fast neutraler Reaktion bei den beiden ersten Gruppen zu basischer
   Reaktion bei den mittleren Gruppen und zu saurer bis stark
   saurer Reaktion bei den letzten Gruppen. Dadurch wird nicht
   nur eine teilweise oder völlige Auflösung säureempfindlicher
   Minerale verhindert, sondern auch eine "Aktivierung" bzw.
   Hydrophilierung durch freigesetzte Kationen oder Anionen,
   welche die Flotation von Mineralen anderer Gruppen empfindlich stören oder überhaupt verhindern könnte.

Sind m e h r e r e Minerale d e r s e l b e n Gruppe in der
Paragenese vorhanden, so werden sie sich meistens in einem S a m -
m e l k o n z e n t r a t finden, das mit a n d e r e n Metho-

den weiter getrennt werden kann. Sammelkonzentrate sind vor allem
bei sehr kleinen Anteilen ihrer Komponenten in der Probe äußerst
vorteilhaft, selbst wenn sie nur durch Auslesen unter der Stereolupe trennbar sein sollten. Sie ermöglichen oft erst die Bildung des
Dreiphasenschaumes und können ganz spärliche Gemengteile enthalten,
die sonst leicht der Beobachtung entgehen.

Am einfachsten sind Paragenesen zu flotieren, die von jeder
Gruppe nur einen oder zwei Vertreter enthalten, während Trennungen
innerhalb ein und derselben Gruppe ganz unterschiedlich schwierig
und oft überhaupt nicht möglich sein können.

Sehr zu b e a c h t e n ist, daß mit Hilfe von Laborflotmaschinen n u r Mengen von m i n d e s t e n s 20 bis 50 g flotiert
werden können. In der Literatur sind aber spezielle Klein- und
Kleinst-Flotzellen beschrieben, mit denen einige hundert Milligramm
bis zu einigen Gramm flotiert werden können.

Gruppe 1 umfaßt die n a t ü r l i c h   h y d r o p h o b e n
Minerale: Graphit, hochinkohlte Kohlen, soeben erst freigelegter
Diamant, Schwefel, Molybdänit, Tungstenit, Auripigment, Realgar,
Talk und Pyrophyllit. Zu ihrer Flotation ist k e i n Sammler er-
forderlich, sondern lediglich ein S c h ä u m e r . Noch 0.1 %
Pyrophyllit (Korngröße 120/63 μ^m) konnten von Quarz und Muskovit
getrennt und im Konzentrat einwandfrei röntgenographisch nachgewie-
sen werden.

Zur Gruppe 2 gehören die Sulfide im weiteren Sinne, die Schwer-
und Halbmetalle und die mit Na_2S sulfidierbaren Sekundärminerale
des Kupfers, Bleis, Silbers etc. Für sie und n u r   f ü r   s i e
stehen spezifische, sog. S u l f h y d r y l - Sammler zur Verfügung. Für deren Wirksamkeit spielt das oberhalb von pH = 2 meist
nur schwach negative Zeta-Potential der genannten Minerale keine
Rolle, sondern nur die H a l b l e i t e r - Natur der Sulfide
bzw. künstlich erzeugten Sulfid-Oberflächen, die Oxidierbarkeit des
Sulfidschwefels und die kovalente Bindung der hydrophobierenden
Spezies. Sammelkonzentrate sind mit Xanthaten + Dithiocarbaminaten
bei pH 6 bis 9 und einem Schaumstabilisator leicht zu erhalten und
enthalten auch bei Gehalten von nur 100 ppm im Gestein hunderte
oder tausende von Körnern für erzmikroskopische Untersuchungen, allerdings nicht mehr in ihrer ursprünglichen Verwachsung. Auch bei
so geringen Gehalten liegt das Ausbringen, wenn die Oberflächen
wirklich ganz frisch waren, meist über 70 %.

Von den häufigeren gesteinsbildenden Mineralen müssen als Gruppe 3 zuerst die G l i m m e r flotiert werden. Aufgrund ihrer in einem weiten pH-Bereich stark negativen Zeta-Potentiale bieten sich kationaktive Sammler an, von denen bereits die schwächsten, nämlich kurzkettige primäre Alkylamine, vor allem das n-Pentylamin, die nahezu vollständige Abtrennung z.B. des Biotits ermöglichen. Nur bei Tuffen oder Karbonatgesteinen sind manchmal Amine mit 7 bis 10 C-Atomen vorzuziehen.

Die Gruppe 4 ist sehr heterogen; sie enthält vor allem die gegenüber S ä u r e n empfindlichen oder in ihnen löslichen Minerale. Je nach deren Mengenanteil in der Probe ist das Vorgehen bei der Flotation unterschiedlich. Da die gesteinsbildenden Karbonate oberhalb von pH 7 positives und die Mehrzahl der Silikate negatives Zeta-Potential aufweisen, lassen sich z.B. Calciumsilikate, Foide und Zeolithe mühelos und nahezu quantitativ mit kationaktiven Sammlern aus Karbonatgesteinen flotieren.

Kommen dagegen die Minerale der Gruppe 4 nur in kleiner Menge, etwa wie Apatit als Übergemengteil in einer Paragenese von überwiegenden Silikaten vor, so sind zu ihrer Flotation anionaktive Sammler, besonders Salze der Fett- und Naphthen-Säuren bei pH 7 bis 11 besonders geeignet. Die gleichzeitige Flotation von Eisen und Aluminium enthaltenden Silikaten oder Oxiden kann dabei durch vorsichtige Zugabe von sehr starken Komplexbildnern als "Drücker" verhindert werden. Die so erhaltenen Konzentrate stellen zwar meist sehr gute Anreicherungen der Gruppe 4 dar, müssen aber stets mit anderen Methoden nachgereinigt werden.

Die Gruppe 5 beinhaltet die gegen Säuren unempfindlichen oxidischen und silikatischen Minerale vor allem des Eisens, Titans, Zirkons und der Seltenen Erden. Ihre flotative Abtrennung ist besonders vorteilhaft, setzt aber die vorausgehende Entfernung der Minerale der Gruppen 1 bis 4 voraus. Da die meisten hierher gehörenden Minerale unterhalb von pH 7 positive Zeta-Potentiale besitzen, werden sie bis herab zu etwa pH 2 mit anionaktiven Sammlern flotiert, von denen Alkyl-Sulfonate, -Phosphate, Hydroxamate besonders wirksam sind. Häufig erfolgt optimale Flotation nur in einem recht engen pH-Gebiet. Wegen der oft sehr geringen Mengen muß der Schaum verstärkt werden. Eine vorhergehende Magnetscheidung kann bei eisenreichen Paragenesen zweckmäßig sein. Das Ausbringen an Zirkon, Titanit etc. in den Sammelkonzentraten liegt oft über 90 %.

Gruppe 6 schließlich enthält die SiO_2-Modifikationen und jene Silikate, die (außer den Glimmern) m o n o m i n e r a l i s c h e Gesteine bilden können. Wenn auch die Abtrennung dieser Minerale im Zuge der Gesteinsaufbereitung am besten mittels Dichtesortierung und/oder Magnetscheidung erfolgt, so wird doch oft eine weitgehende vorherige flotative Entfernung der Begleitminerale und Accessorien erwünscht sein. Zu denjenigen Trennungen i n n e r - h a l b der Gruppe 6 , die besser oder überhaupt n u r durch Flotation ermöglicht werden, gehören

a) die Abtrennung geringer Mengen von Alkali-Feldspäten oder Pla-
gioklasen von überwiegendem Quarz sowie von Nephelin, Skapo-
lithen, Cordierit oder Gesteinsglas mit langkettigen Alkyl-
aminen in f l u ß s a u r e r Trübe,

b) die Trennung von Klinozoisit/Epidot bzw. Forsterit/Olivin
bzw. Grossular/Almandin von Amphibolen oder Pyroxenen mit
Fettsäuren in schwach saurer bis alkalischer Trübe.

Das Verhalten der M a f i t e bei der Flotation hängt vor allem von der Menge und Verteilung des d r e i w e r t i g e n Eisens auf ihren Oberflächen ab. Je größer die Unterschiede in dieser Beziehung zwischen den zu trennenden Mineralen sind, umso problemloser ist ihre Flotation entweder unterhalb von pH 7 mit Alkylsulfonaten oder oberhalb von pH 7 mit Fettsäuren bzw. Seifen.

Chlorite und Serpentinminerale sind von ihrer Struktur her befähigt, sowohl mit anion- als auch mit kationaktiven Sammlern zu reagieren, so daß ihre Trennung voneinander als auch von den meisten Mineralen der Gruppen 4 bis 6 nicht bzw. schwierig und nur in seltenen Fällen gut möglich ist.

Das Vorurteil, daß Flotationen auf einer völlig empirischen Basis stehen und unüberschaubar komplex sind, ist heute nicht mehr haltbar. Leider hat es lange dafür gesorgt, daß die Flotation ganz im Gegensatz zu ihrer technischen und wirtschaftlichen Bedeutung bisher bei geowissenschaftlichen Arbeiten immer noch zu selten angewandt wird.

7.4 Durchführung von Flotationen

Aus dem soeben ausgeführten geht hervor, daß es für das "Reagentien-Regime" bei Flotationen k e i n f e s t e s S c h e m a geben kann. Alle Überlegungen und Maßnahmen müssen ausgehen vom qualitativen und quantitativen Mineralbestand der Probe, den Korngrößen und Verwachsungen der Minerale und müssen sich nach dem angestrebten Ziel, nämlich der Art, Menge und Reinheit des abzutrennenden Minerales, richten. Für die praktische Durchführung von Flotationen können jedoch sehr wohl aus eigener Erfahrung gewisse Arbeitsregeln gegeben werden. Da über diese in aller einschlägigen Literatur so gut wie nichts zu finden ist, andererseits aber der N u t z e n der Flotation für die Gesteinsaufbereitung auch im Labor offensichtlich ist, werden diese Arbeitsregeln hier ausführlich dargestellt, bevor Vorschriften für spezielle Flotationen beispielhaft gegeben werden.

7.4.1 Allgemeine Arbeitsregeln für Flotationen im Labor

1. Versuchen Sie stets, das im Unterschuß bzw. nur in kleinen Anteilen enthaltene Mineral zu flotieren.

2. Verwenden Sie eine ausreichende, e n g   k l a s s i e r t e Probemenge. "Ausreichend" sind etwa 40 bis 400 g Probe, jedoch hängt die zu flotierende Menge davon ab, wie hoch der Gehalt des zu flotierenden Minerals in der Probe ist und wieviel von ihm zu weiteren Untersuchungen und Analysen benötigt werden. Viele Flotationen verlaufen bei mittleren Trübedichten (100 bis 200 g/1.8 Liter) selektiver; es ist also zweckmäßiger, mehrmals eine mittlere Probemenge zu flotieren als einmal eine zu große!

3. Verwenden Sie zu allen Flotationen, auch zum Auswaschen, nur entionisiertes Wasser, kein Leitungswasser !

4. Führen Sie die Flotation, wenn es irgendwie möglich ist, immer sofort anschließend an die Zerkleinerung und das sorgfältige,unerläßliche Abschlämmen der Feinstanteile durch ! Gießen Sie beim Abschlämmen die Suspension der Feinstanteile stets durch ein 63 µm oder 36 µm -Sieb ab, wenn natürlich-hydrophobe Minerale, spärliche Sulfide oder auch Apatit gewonnen werden sollen ! Geben Sie dann den ausgewaschenen Rückstand auf dem Sieb wieder zurück zur geschlämmten Probe.

5. Spülen Sie die geschlämmte Probe in eine 1.8-Liter-Flotzelle ! Konditionieren Sie grundsätzlich in der Flotzelle, wenn die Trübe nicht mehr wesentlich verdünnt werden muß. Füllen Sie sie, wenn in der Anleitung nichts anderes angegeben ist, bis etwa 1 cm unterhalb des Überlaufes auf (die zugesetzten Reagentien-Lösungen müssen auch noch Platz haben!) und geben Sie das restliche Wasser erst während des Konditionierens oder danach zu. Benützen Sie ein Becherglas und einen langsam laufenden Propellerrührer, wenn bei hohem Feststoffgehalt konditioniert werden muß.

Konditionieren Sie Proben, die immer wieder Feinstanteile abgeben, so schonend wie möglich. Rühren Sie schwere Mineralkörner,
die sich gerne in die Ecken der Flotzelle absetzen, mit einem
Glasstab öfters kräftig auf !

6. Geben Sie die in der Anleitung genannten Reagentien auch in der
dort angegebenen R e i h e n f o l g e zu, und beachten Sie
die Einwirkzeiten ! Geben Sie die Reagentien (in Form von Lösungen!) bei gutem Rühren mit Hilfe von Fortuna-Pipetten trop-
fenweise so zu, daß kein örtliches Überangebot entsteht ! Kontrollieren Sie den pH-Wert mehrmals und korrigieren Sie ihn,
wenn er sich wesentlich ändert.

7. Stellen Sie zu Beginn des Konditionierens die Laborweckeruhr
auf die vorgesehene Einwirkzeit ! Benützen Sie die Zeit während
des Konditionierens zum Abfüllen von Wasser, Auffüllen der
Spritzflaschen, Absaugen und Auswaschen der Konzentrate und
Rückstände, zum Reinigen benützter Geräte und des Arbeitsplat-
zes !

8. Geben Sie den Schäumer e r s t 1 Minute v o r dem Belüften
zur Trübe ! Stellen Sie eine Plastikschüssel unter den Überlauf
der Flotzelle und stellen Sie eine zweite Plastikschüssel zum
Wechsel bereit und den Plastikspatel zum Schaumabstreifen. Belüften Sie n i c h t w ä h r e n d des Konditionierens !

9. Geben Sie nun der Trübe so viel Luft zu, daß ein möglichst
reichlicher Dreiphasenschaum aus Luft + Lösung + Mineral entsteht. Lassen Sie den Schaum sich im Laufe von 1/2 bis 1 Minute
entwickeln, bevor Sie mit dem Abstreifen beginnen ! Streifen
Sie den Schaum g l e i c h m ä ß i g, b e h u t s a m und
so mit dem Plastikspatel in die Auffangschüssel ab, daß keine
Trübe über den Überlauf schwappt ! Spritzen Sie, falls nötig,
den Schaum mit einer kleinen Plastikspritzflasche von den Rän-
dern der Flotzelle oder von der Rührerverkleidung in die Flotzelle. Entfernen Sie bei längerem Flotieren die an der Wandung
unterhalb der Trübeoberfläche haftenden Mineralkörner und Luftblasen durch Abstreifen mit dem Plastikspatel !

10. W e c h s e l n Sie das Auffanggefäß sofort, wenn sich die Art
des Schaumes (Beladung mit Mineral, Färbung, Blasengröße) zu
ä n d e r n beginnt ! Beenden Sie das Flotieren, d.h., das Abstreifen des Schaumes (i.a. nach 2 bis höchstens 10 Minuten),
wenn sich -auch nach Zugabe weiterer Schäumers- kein Dreipha-

senschaum mehr bildet, wenn ersichtlich das interessierende Mineral nicht mehr im Schaum erscheint oder wenn zuviel Begleitminerale aufschwimmen ! Spülen Sie die auf dem Überlauf liegenden Körner in die Auffangschüssel.

11. Drehen Sie die Luftzufuhr ab ! Entfernen Sie die Auffanggefäße für den Schaum. Ziehen Sie den noch laufenden Rührmotor hoch unter gleichzeitigem Abspritzen der Rührerverkleidung. Klemmen Sie den Rührmotor in einer so hoch gezogenen Stellung fest,daß ein Entfernen der Flotzelle möglich wird und schalten Sie ihn ab. Spritzen Sie am Innenrand der Flotzelle haftende Körner in die Trübe.

12. Stellen Sie je eine 500-ml-Plastikspritzflasche für entionisiertes Wasser mit enger und weiter Tülle bereit und sorgen Sie dafür, daß diese immer gefüllt sind. Stecken Sie mittels eines gut passenden Gummistopfens eine Porzellanfilternutsche auf eine starkwandige 1.5-Liter-Saugflasche. Für Konzentrate reicht meist einen Innendurchmesser der Nutsche von 8 cm, für die Rückstände ist ein Durchmesser von 15 cm vorteilhafter. Legen Sie in die Porzellanfilternutsche ein Filterpapier "Schleicher & Schüll Nr.1574" mit 7 bzw. 14 cm Durchmesser, befeuchten Sie es und achten Sie darauf, daß es richtig liegt. Schalten Sie (über eine mit Dreiwegehahn versehene Wulff'sche Flasche) die Wasserstrahlpumpe ein !

13. Gießen Sie den Inhalt des Schaum-Auffanggefäßes verlustlos in die Nutsche ! Falls noch reichlicher und zäher Schaum vorhanden ist: Geben Sie diesen mit Hilfe des Plastikspatels zuerst in die Nutsche und gießen Sie dann erst die Flüssigkeit ab ! Spritzen Sie auch die Körner am Plastikspatel in die Nutsche. Spülen Sie das Auffanggefäß gut aus. Spülen Sie den Innenrand der Nutsche durch kreisförmiges Umfahren mit der engen Spitze einer Plastikspritzflasche ab ! Spritzen Sie das Waschwasser immer zuerst gegen den Rand der Nutsche und dann erst auf das Konzentrat in ihr ! Das ausgewaschene Konzentrat sollte schließlich so auf dem Filterpapier liegen, daß es nirgends den Innenrand der Nutsche berührt.

14. Wenn das Konzentrat unter den gleichen Bedingungen noch einmal flotiert werden soll -was sich nur lohnt, wenn es einigermaßen reichlich ist - erübrigt sich ein gründliches Auswaschen. Ein solches Konzentrat darf aber unter keinen Umständen mit Aceton

behandelt werden ! Wenn das Konzentrat unter a n d e r e n Bedingungen, mit einem anderen Sammler noch einmal flotiert werden soll, muß der bereits auf ihm adsorbierte Sammler zuerst
möglichst vollständig entfernt werden. Wie das zu geschehen
hat, ist in der jeweiligen Anleitung angegeben. Auch hier darf
kein Aceton zugegeben werden.
Wenn das Konzentrat (oder der Rückstand) n i c h t m e h r
flotiert werden soll: Waschen Sie mehrmals gründlich mit siedendheißem Wasser aus ! Geben Sie in d i e s e m Fall mittels
einer kleinen Saugpipette A c e t o n zuerst auf die Wandung
der Nutsche und dann auf das Konzentrat bzw. den Rückstand, um
das anhaftende Wasser zu verdrängen und ein rasches Trocknen
zu bewirken.

15. Bei reichlichem Konzentrat (oder Rückstand): Stülpen Sie eine
flache Porzellanschale auf die Nutsche, drehen Sie diese rasch
um und lassen Sie das acetonfeuchte Material + Filterpapier in
die Schale fallen ! Bei geringem Konzentrat: Ziehen Sie mittels
einer Pinzette das Filterpapier aus der schräg gehaltenen Nutsche in eine zuvor gewogene flache Porzellanschale. Vergessen
Sie nicht, die Konzentrate und Rückstände s o f o r t zu
kennzeichnen ! Prüfen Sie auch das Konzentrat sofort unter dem
Stereomikroskop ! Wiegen Sie es und vergleichen Sie die tat-
sächliche Ausbeute mit der berechneten oder erwarteten. Notieren Sie alle Beobachtungen sofort !

16. Gießen Sie die Saugflasche aus und reinigen Sie sie. Reinigen
Sie auch die Nutsche und bereiten Sie sie für das nächste Konzentrat vor. Gießen Sie die überstehende, durch neu entstandene
Feinstanteile oft auch nach längerem Stehen noch trübe Flüssigkeit in der Flotzelle vorsichtig so vom Rückstand ab, daß dieser nicht aufgewirbelt wird. Spülen Sie die Innenwandungen der
Flotzelle mit der Spritzflasche ab. Falls der Rückstand weiter
verarbeitet werden soll: Überschichten Sie ihn etwa 6 cm hoch
mit heißem oder kaltem, eventuell angesäuerten oder alkalisch
gemachten entionisierten Wasser und lassen Sie zwei Minuten den
Rührmotor laufen. Ziehen Sie den Rührmotor hoch, lassen Sie den
Rückstand absetzen und gießen Sie die Flüssigkeit wieder ab.
Wiederholen Sie diese Reinigung so lange, bis sich beim Belüften
keinerlei Schaum mehr bildet oder der Geruch nach Sammler oder
Schäumer nicht mehr wahrnehmbar ist ! Soll der Rückstand der

Dichtesortierung oder Magnetscheidung unterworfen werden, muß er noch mit Aceton getrocknet werden.

17. Füllen Sie die benutzte Flotzelle bis etwa 2 cm unter dem Überlauf mit Leitungswasser, senken Sie den Rührer in die Flotzelle und schalten Sie wiederholt den Rührmotor mit und ohne Belüftung ein ! Wiederholen Sie diesen Reinigungsvorgang nach dem Ausleeren der Flotzelle und Spülen unter fließendem Wasser so oft, bis mit Sicherheit aus dem hohlen Rührer keine in ihn verschleppten Mineralkörner mehr herausfallen ! Waschen Sie zuletzt die Rührwerksverkleidung ab und trocknen Sie sie mit einem Handtuch. Bürsten Sie nach längerem Gebrauch die Flotzelle nur mit einem nicht kratzenden Reinigungsmittel aus, spülen Sie sehr gründlich unter fließendem Wasser und trocknen Sie sie innen und außen mit einem Tuch.

18. Vergessen Sie nicht, nach der letzten Flotation auch die benutzten Fortuna-Pipetten und andere zum Abmessen der Flotreagentien benutzten Geräte zu reinigen !

19. Halten Sie beim Arbeiten mit k a l i u m c y a n i d - haltigen Trüben stets einen Eimer Wasser zum sofortigen Nachgießen in den Ausguß bereit ! Gießen Sie KCN - Lösungen niemals unmittelbar nach dem Ausgießen saurer Lösungen in den Ausguß ! Halten Sie den Arbeitsplatz an der Waage und Flotmaschine, bei der Saugflasche und am Ausguß ständig rein und t r o c k e n !

20. Bedenken Sie bei allen Arbeiten mit Flotreagentien, daß es stark oberflächenaktive, teilweise auch stark giftige Stoffe sind, die nicht auf die Haut und vor allem nicht in die Augen und in den Mund gebracht werden dürfen ! Vermeiden Sie beim Flotieren, d.h. beim B e l ü f t e n das E i n a t m e n der feinen Nebel, die beim Zerplatzen des Schaumes entstehen, besonders, wenn die Trübe Flußsäure, Kaliumcyanid oder Aerofloat enthält !

21. Verwenden Sie für j e d e Flotreagens-Lösung eine e i g e - n e, gekennzeichnete Fortuna- oder Saugpipette ! Vermeiden Sie jede Verunreinigung (Vermischung) der Flotreagentien ! Setzen Sie bei nicht haltbaren Lösungen nur wenig mehr als die gerade benötigte Menge an !

7.4.2 Sulfid-Flotation (Gruppe 2)

Die meisten Gesteine enthalten Sulfide nur als Übergemengteile. Sie sind wegen ihrer Fähigkeit zur Anreicherung von Schwer- und oft auch Edelmetallen von großer geochemischer Bedeutung. Nach der folgenden Anleitung wird ein Sammelkonzentrat gewonnen, das a u c h die natürlich-hydrophoben Minerale (Gruppe 1) enthält und das durch Auslesen oder Magnetscheidung weiter getrennt werden muß. Diese Anleitung ist nicht praktikabel bei Gesteinen, die mehr als 1 - 5 % Talk oder Graphit enthalten oder bei denen die Sulfide durch Verwitterung bereits merklich in Sekundärminerale umgewandelt sind. Sie gilt auch nicht für die Aufbereitung von eigentlichen Erzen, für die in der angegebenen Literatur genügend viele erprobte Vorschläge enthalten sind.

Anleitung zur Gewinnung spärlicher Sulfide aus Gesteinen:

Sorgen Sie dafür, daß die Sulfide möglichst frische, reaktionsfähige Oberflächen aufweisen ! Geben Sie je 100 g Einwaage der Kornfraktion 200/63 µm 3.6 ml einer klaren 1 %igen wässerigen Lösung von Kalium-hexylxanthogenat (Xanthat = Xanthogenat) und 3.6 ml einer klaren 1 %igen Lösung von Natrium-diphenyldithiocarbaminat zu (bei Verwendung der 1.8-Liter-Flotzelle) und konditionieren Sie 20 Minuten ! Die genannten Lösungen sind höchstens 1 Tag haltbar und müssen deshalb stets frisch hergestellt werden. Geben Sie in der 18.Minute 3 Tropfen "Dowfroth-250" (als Schäumer) zu !

Wechseln Sie beim Flotieren nach spätestens einer Minute die Auffangschüssel ! Versuchen Sie, in das 2.Konzentrat auch die an den Wandungen der Flotzelle und der Rührwerksverkleidung hängenden Sulfidkörner zu bringen ! Geben Sie das Konzentrat auf ein k l e i - nes, sauberes, f e i n e r e s Sieb (20 bis 36 µm) und waschen Sie es auf diesem gut aus ! (Es enthält viel Feinstanteile.) Spülen Sie das Konzentrat vom Sieb auf die Nutsche und waschen Sie es zuerst mit heißem Wasser, zuletzt mit Aceton aus. Trocknen Sie es rasch, und geben Sie es nach der mikroskopischen Untersuchung in einen passenden, dicht schließenden Behälter. Waschen Sie den Rückstand in der Flotzelle mehrmals mit reichlich Wasser (unter Aufrühren) aus ! Verwenden Sie ihn möglichst sofort anschließend für weitere Flotationen ! (Die Flotation der Glimmer setzt die vorherige Flotation der Sulfide voraus !)

7.4.3 Glimmer - Flotation (Gruppe 3)

Die folgende Anleitung gilt für Glimmer-Minerale (Muskovit, Biotit, Phlogopit, Lepidolith, Zinnwaldit), die als Über-oder Nebengemengteile, also in Anteilen unter ca. 10 % im Gestein vorkommen. Ihre Anwendung auf Gesteine, die Glimmer als Hauptgemengteile enthalten, z.B. Glimmerschiefer, Biotitite, ist nur sinnvoll, wenn es gelingt, den g r ö ß t e n T e i l des Glimmers b e r e i t s im e r s t e n Konzentrat anzureichern (das zweckmäßigerweise noch einmal flotiert wird). Der immer noch glimmerhaltige Rückstand kann dann leichter weiter aufbereitet, eventuell nach raschem, gründlichen Auswaschen noch einmal unter denselben Bedingungen flotiert werden. Anwesende Sulfide müssen vorher abgetrennt werden.

Nach der Glimmer-Flotation kann sofort eine Feldspat-Flotation folgen. Soll jedoch eine solche der säureempfindlichen Minerale (Gruppe 4) folgen, muß der Rückstand o f t und sehr g r ü n d - l i c h mit w a r m e n Wasser ausgewaschen werden. Wichtig,aber oft recht schwierig ist eine weitgehende vorherige Entfernung der Feinstanteile. In jedem Fall wird ein Sammelkonzentrat erhalten, das aber meist leicht durch Magnetscheidung auftrennbar ist.

Anleitung zur Gewinnung der Glimmer durch Flotation:

Geben Sie für je 100 g Einwaage (die Korngröße kann bis 360 μm gehen) 9 ml einer 1 %igen, wässerigen Lösung von n-Pentylamin bei eingeschaltetem Rührer, aber ohne zu belüften, zur Trübe ! Stellen Sie den Laborwecker auf 10 Minuten ! Geben Sie nach 8 Min. v o r - s i c h t i g (nichts verschütten oder an die Hände bringen! Stinkt sehr und ist giftig !) 1 Tropfen Aerofloat-25 zu ! Geben Sie nach der 9.Minute 3 Tropfen "Dowfroth-250" zu,und füllen Sie die Flotzelle bis zum Überlauf auf !

Belüften Sie und warten Sie, bis sich ein brauchbarer Dreiphasenschaum entwickelt ! Wechseln Sie die Auffangschüssel nach spätestens 2 Minuten ! Die vollständige Entfernung der Glimmer kann bis über 20 Minuten in Anspruch nehmen und es muß bei ihr ständig frisches Wasser nachgegeben werden. Die so erhaltenen Konzentrate sind aber recht unrein und sollten sofort anschließend mit nur 4.5 ml 1 %iger n-Pentylamin-Lösung und ohne Aerofloat, aber mit 1 bis 3 Tropfen Dowfroth-250 noch einmal flotiert werden.

Geben Sie die Konzentrate (wie immer getrennt !) auf die Nutsche und waschen Sie zuerst 2 x mit heißem Wasser, dann mit etwas ange-

säuertem heißen Waser und zuletzt noch 2 x mit heißem Wasser aus !
Bedecken Sie das Konzentrat auf der Nutsche bei abgeschaltetem Vacuum mit Aceton, lassen Sie dieses einige Minuten einwirken,und
saugen Sie dann erst trocken !

7.4.4 Flotation der Feldspäte

Nach der folgenden Anleitung werden s ä m t l i c h e Feldspäte, also wieder als Sammelkonzentrat, vom Quarz getrennt. Dies wäre
zwar auch -mit der wichtigen Ausnahme des Oligoklas!- durch
Schwerflüssigkeiten möglich, aber f l o t a t i v lassen sich
k l e i n e Gehalte an Feldspäten sehr v i e l r a s c h e r
von viel Quarz abtrennen. Voraussetzung ist die vorhergehende Abtrennung der Glimmer und derjenigen Minerale, die durch Säuren zersetzt oder aufgelöst werden, also vor allem der Karbonate. Da bei
der Feldspat/Quarz-Trennung F l u ß s ä u r e eine wichtige Rolle spielt, sind die für den Umgang mit diesem g e f ä h r l i -
c h e n Stoff geltenden Vorsichtsmaßregeln sorgfältig zu b e -
a c h t e n !Wichtig ist auch ein r a s c h e s Arbeiten und die
genaue Einhaltung der angegebenen Zeiten. Die Feldspat-Konzentrate
können mit dem Magnetscheider nachgereinigt werden; die Quarz-Rück-
stände können durch dreitägige Behandlung mit gesättigter H_2SiF_6 -
Lösung von Feldspatresten befreit werden.

Anleitung zur flotativen Abtrennung der Feldspäte vom Quarz:

Stellen Sie zunächst folgende Reagentien her:

a) "HF-H_2SO_4-Lösung": Geben Sie zu 624 ml 40 %iger Flußsäure,
   die sich in einem P l a s t i k - Zylinder befindet, vorsichtig und in kleinen Portionen 70 ml konzentrierter Schwefelsäure und füllen Sie dann auf 1000 ml auf !

b) "Verdünnte Flußsäure": Stellen Sie unter Benützung von Pla-
   stikgefäßen durch Zugeben von ca.10 bis 20 ml 40 %iger Flußsäure zu ca. 1 Liter entionisiertem Wasser eine "verdünnte
   Flußsäure" mit einem pH-Wert von 2.0 her (Kontrolle mit Indi-
   katorpapier genügt).

c) Geben Sie in eine 250-ml-Glasstöpselflasche 2.5 g Dehymin-DK
   der Fa.DEHYDAG,Düsseldorf (ein Fettalkylamin) und fügen Sie,
   zunächst ohne zu mischen, 248 ml Wasser zu. Verschließen Sie
   die Flasche und schütteln Sie die Emulsion, bis sie homogen
   erscheint.

Spülen Sie die besonders sorgfältig von Feinstanteilen befreite

Probe bzw. den entsprechenden Rückstand einer vorhergehenden Flotation in die 1.8-Liter-Flotzelle und füllen Sie mit Wasser bis 1 cm
unter dem Überlauf auf ! Schalten Sie den Rührer ein, ohne zu belüften ! Stellen Sie sich den Laborwecker bereit ! Geben Sie mit
Hilfe eines Plastikmeßzylinders nicht zu rasch für je 100 g Einwaage 12 ml der "HF-H_2SO_4-Lösung" zu, und füllen Sie die Flotzelle
mit Wasser auf ! Konditionieren Sie genau 5 (fünf) Minuten ! Geben
Sie dann für je 100 g Einwaage 0.2 ml der 1 %igen wässerigen Emulsion von Dehymin-DK zur Trübe und konditionieren Sie genau 2 (zwei)
Minuten ! Geben Sie 2 Tropfen Dowfroth-250 zu und konditionieren
Sie genau 1 (eine) weitere Minute ! Belüften Sie und streifen Sie
den sich rasch entwickelnden, ziemlich festen Schaum sofort und
möglichst r a s c h und v o l l s t ä n d i g in ein nicht zu
großes Plastik-Auffanggefäß ! Beenden Sie das Abstreifen des Schaumes, wenn seine Entwicklung zurückgeht, was meist bereits nach 2
Minuten der Fall ist.

Nutschen Sie das Konzentrat s o f o r t ab und waschen Sie es
gut mit "verdünnter Flußsäure" aus ! Stellen Sie eine neue, saubere
Flotzelle bereit, geben Sie in diese 1 Liter Wasser und 12 ml der
"HF-H_2SO_4-Lösung" ! Spülen Sie das gut ausgewaschene Konzentrat in
diese Flotzelle, füllen Sie fast bis zum Rand mit Wasser auf und
schalten Sie den Rührer ein, ohne zu belüften. Konditionieren Sie
genau 3 (drei) Minuten ! Geben Sie 0.2 ml der Dehymin-DK-Emulsion
zu und 1 Tropfen Dowfroth-250, und konditionieren Sie nicht länger
als 2 Minuten ! Belüften Sie und streifen Sie den Schaum rasch ab !
Nutschen Sie das 2.Konzentrat ab und waschen Sie es mit heißem Wasser mehrmals aus ! Waschen Sie zuletzt mit Aceton aus, und saugen
Sie das Konzentrat trocken ! Ziehen Sie Gummihandschuhe an, und entleeren Sie zunächst die Saugflasche . Reinigen Sie dann alle benützten Geräte sorgfältig mit viel Leitungswasser, und wischen Sie
vor allem verschüttete Flußsäure weg ! Vergessen Sie nicht, auch
den Wischlappen (mit Gummihandschuhen!) gründlich auszuwaschen !

<u>7.4.5 Flotation säureempfindlicher Minerale</u>
<u>7.4.5.1 Minerale mit negativer Oberflächenladung</u>

Hierher gehören die meisten Silikate und Sekundärminerale der
Schwermetalle, die meisten Sulfide, zum Teil nur Apatit, viele oxi-
dische Minerale in Karbonatgesteinen, Karbonatiten, karbonatischen
Gangarten, Marmoren und Kalksilikatfelsen. Wegen dieser Vielfalt
läßt sich i.a. auch nur ein Sammelkonzentrat erhalten, das durch

andere Verfahren nachgereinigt werden muß. Zu den hier anzuwenden-
den k a t i o n a k t i v e n Sammlern gehören insbesondere qua-
ternäre Alkylammoniumsalze, wie das Cetyltrimethylammoniumbromid
(CTMAB) oder Fettalkyl-propylendiamine, wie das sehr wirksame CWW-
12 (Chemische Werke Witten). Flotiert wird bei pH = 7 oder in einer mit Kalilauge auf pH-Werte von 9 bis 11 eingestellten Trübe;
die Sammlerzugaben sind wieder sehr gering. Als Schäumer wird, wie
meistens, Dowfroth-250 benützt.

7.4.5.2 Minerale mit positiver Oberflächenladung

Positiv geladen im pH-Bereich über 7 ist die Oberfläche der meisten gesteinsbildenden Karbonate, des Fluorits, Baryts, Alunits,
Diaspors, Goethits und teilweise auch des Apatits. Durch Flotation
wird vor allem die Abtrennung dieser Minerale aus quarzreichen oder
überwiegend silikatischen Gesteinen erleichtert. Von den hier anzu-
wendenden a n i o n a k t i v e n Sammlern hat sich vor allem das
(durch Neutralisation bzw. Verseifung mit NaOH) hergestellte Natri-
umsalz der "Naphthensäure", einem Nebenprodukt der Erdöl-Raffina-
tion, bewährt. Als "Drücker" für sonst ebenfalls aufschwimmende
e i s e n - haltige Minerale wird das (durch Neutralisation mit
KOH herzustellende) Kaliumsalz der Diäthylentriamin-pentaessigsäu-
re (DTPE) benützt; seine Dosierung muß allerdings sehr vorsichtig
erfolgen, weil ein Überschuß auch die erwünschten Minerale drücken
würde.

Anleitung zur Flotation von Calcit, Apatit, Fluorit,Baryt aus
Silikatgesteinen:
Geben Sie für je 100 g Einwaage (bei Benützung der 1.8-Liter-
Flotzelle) 3.6 ml 10 %ige KOH-Lösung zu und konditionieren Sie 7
(sieben) Minuten ! Geben Sie dann 0.72 ml 5 %ige Natriumnaphthenat-
Lösung zu und konditionieren Sie weitere 7 Minuten ! Geben Sie zuletzt 0.36 ml einer 1 %igen Lösung von F-286 (Fettalkoholpolyglyk-
koläther) oder eines anderen Schaumstabilisators zu und belüften
Sie sofort ! Flotieren Sie etwa 5 Minuten ! Beenden Sie das Abstreifen des Schaumes sofort, wenn sich seine Art ändert oder
plötzlich viel Begleitminerale aufschwimmen !

Sollen eisenhaltige Minerale gedrückt werden, so geben Sie zusammen mit der KOH-Lösung 0.45 ml einer 1 %igen Lösung des Kalium-
salzes von DTPE zu ! Meist entwickeln sich dann große Mengen von
sehr feinem Schaum, so daß eine große Auffangschüssel verwendet
werden muß.

Nutschen Sie das Konzentrat ab,und waschen Sie es zunächst 2 x
mit reichlich heißem Wasser, dem etwas KOH zugegeben wurde ! Waschen Sie es dann 4 x mit siedendheißem Wasser aus ! Bedecken Sie
es zuletzt mit Aceton, lassen Sie dieses etwas einwirken,und saugen Sie es schließlich trocken ! Waschen Sie den Rückstand in der
Flotzelle in gleicher Weise aus, saugen Sie ihn dann aber o h n e
Aceton-Zugabe trocken,und lassen Sie ihn an der Luft trocknen.Soll.
eine Flotation mit kurz- oder langkettigen Aminen angeschlossen
werden, muß der Rückstand so gut es nur geht von Resten des anionaktiven Sammlers befreit worden sein; seine Minerale müssen völlig
benetzbar sein und dürfen in Wasser nicht allmählich aufschwimmen.

7.5 Fragen zur Flotation

28. Warum ist es zweckmäßig, den Schäumer erst am Ende des Kondi-
    tionierens der Trübe zuzugeben ?
29. Titanit, ein in Amphiboliten in kleinen Mengen sehr verbrei-
    tetes Mineral, kann zahlreiche Spurenelemente aufnehmen und
    soll deshalb für eine geochemische Untersuchung aus zahlrei-
    chen Amphibolit-Proben abgetrennt werden. Wie bereiten Sie
    diese auf ?

7.6 Literatur zur Flotation

AMERICAN CYANAMID COMPANY: Bergbauchemikalien-Handbuch. Erzaufbe-
reitungsmerkblätter Nr. 26 (1978) 117 S., Wayne,N.J.,U.S.A.
CZYGAN,W.: Ein Verfahren zur Trennung von Nephelin und Feldspat
mit Hilfe der Flotation. N.Jb.,Miner.,Monatsh.(1967) 84 - 89
DEGOUL,P.,J.M.CASES: La flottation des minérais: Quelques as-
pects de son étude fondamentale. Bull.Soc.Franc.Miner.Crist. 96
(1973) 3 - 9
DOBIAS,B.: New modified Hallimond tube for study of flotation of
minerals from kinetic data. Trans.Inst.Min.Metall. 92(1983) C164
-C 166
FUERSTENAU,D.W. et al.: How to use the modified Hallimond tube.
Engng.Min.J. 158 (1957) 93 - 96
HARRIS,C.C.,A.RAJA: A modified laboratory flotation cell. Trans.
A.I.M.M.E., 235 (1966) 150 - 156
HARRIS,P.M.,C.T.HOLLICK,R.WRIGHT: Mineral separation for age de-
termination. Trans.Inst.Min.Metall. 76 (1967) B 181 - B 189
HERBER,L.: Separation of feldspar from quartz by flotation.
Amer.Mineralogist 54 (1969) 1212 - 1215

150

LANGE,H.,F.WIEDEMANN: Zur Gewinnung reiner Mineralfraktionen aus Gesteinen und den dabei möglichen Aussagen über die quantitative Zusammensetzung einzelner Gesteinstypen. Bergakademie 6 (1952) 431 - 438 und 7 (1962) 511 - 518

LEAF,C.W.,A.KNOLL: Laboratory flotation cell. Industr.Engng.Chem. 11 (1939) 51o - 511

LEJA,J.: Surface Chemistry of Froth Flotation. (1982), 758 pp. New York: Plenum Press

MANSER,R.M.: Handbook of Silicate Flotation. (1975), 2o6 pp., Stevenage,Herts.SG12BX : Warren Spring Laboratory

NÄGELE,E.: Die Anwendung des Flotationsverfahrens auf analytische Probleme der Betontechnologie. Dissert.Univ.Karlsruhe (1981) 165 S.

NEY,P.: Zeta-Potentiale und Flotierbarkeit von Mineralen. (1973) Vol.6 'Applied Mineralogy', 214 S., 432 Lit.angaben. Wien/New York: Springer-Verlag

PARTRIDGE,A.C.,C.W.SMITH: Small-scale flotation testing: A new cell. Trans.Inst.Min.Metall. 80 (1971) C 199 - C 200

PRYOR,E.J.: Mineral Processing. 3rd.edit.(1965).-Chapt.17: Principles of froth flotation,Chapt.18: Flotation Practise. S.457 - 570. London: Elsevier Publ.Co.

ROUBAULT,M.,A.BERNARD,P.BLAZY: Séparation quantitative directe des minéraux d'un granite par flottation différentielle. Compt. Rend.S.Acad.Sci. 245 (1957) 1256 - 1258

SCHUBERT,H.:Kap.4 : Flotation, S.246-417 in: Aufbereitung fester mineralischer Rohstoffe,Bd.II (1967). Leipzig: VEB Deutscher Verlag für Grundstoffindustrie

SHUEY,R.T.: Semiconducting ore minerals. Developments in Geology 4 (1975) 415 S., Amsterdam/New York: Elsevier Publ.Comp.

SMITH,S.V.,R.W.UTLEY: Froth flotation for impure carbonate sediments. Jour.Sedim.Petrology 38 (1968) 664 - 665

TEOH,E.C.,F.LAWSON,K.N.HAN: Selective flotation of nickel-bearing minerals with use of specific dioxime surfactants. Trans. Inst.Min.Metall. 91 (1982) C 142 - C 147

TEOH,E.C.et al.: Selective flotation of cobalt-bearing minerals with use of specific collectors. Trans.Inst.Min.Metall.91 (1982) C 148 - C 152

VAN DER PLAAS,L.: Flotation of feldspars. In: The identification of detrital feldspars.Devel.in Sedim. 6 (1966) 66 - 73

Sachregister I : Begriffe, Methoden, Chemikalien, Geräte

154